「PICマイコン」
でつくる
電子工作

Peripheral Interface Controller

はじめに

　最近の電子工作ブームでは、「ワンボード・マイコン」が多く利用されています。

　そんな中でも私の作品では、ワンチップマイコンの「PIC」を使って作品を作り続けています。

　理由は一言「安く、小さく作れる」です。

＊

　今回の本でも、これまで月刊 I/O 誌に複数月にまたがって掲載された記事の中から「LED イルミネーション・キューブ」や YAMAHA 音源 LSI「YMZ294」を使った「3 和音自動演奏」などを使った作品など、いくつかをまとめてみました。

　音楽の自動演奏というのは、30 年以上も昔から取り上げられているテーマで目新しいものではないのですが、古い音源 LSI のハード的なことよりも、「楽譜をどのようにデータ化して、自動演奏につなげていくのか」という基本的なプログラムのノウハウの一例も学ぶことができると思います。

　「ワンボード・マイコン」にせよ、単体のマイコンにせよ、いろいろと新しい作品のイメージをもったとき、最終的に壁となるのが、「どうやって、それをプログラムで表現するか」ということになります。

　ぜひ、その点でも、ちょっと複雑なプログラムについても、これらの事例から学んでいただければと思います。

＊

　さらに、新規記事として、「知っているようで知らない乾電池性能の違い」では、電子工作機器に欠かせない電源としての身近にある電池の性能の違いについて、実験を通して詳しく記述しています。

　また、小学生対象の科学イベントなどに最適な、「おうちで使える便利グッズ」として、高機能な「電源不要のデジタル乾電池チェッカー」なども取り上げました。千円未満の部品代で作れるものですが、その性能は市販品以上のものがあると思います。

　これらの作品を、さまざまなラインナップの「PIC」を適切に使うことで、安価で製作することが可能になります。

　この本が、みなさんの電子工作ライフにおける、オリジナルでユニークな作品を作るための一助になれば幸いです。

神田民太郎

「PICマイコン」でつくる電子工作

CONTENTS

第6章　PICの自動演奏で和音を出す

第7章　知っているようで知らない「乾電池性能」の違い

第8章　電源不要の「デジタル乾電池チェッカー」

巻末附録

●各製品名は、一般に各社の登録商標または商標ですが、®およびTM は省略しています。

サンプルのダウンロード

　本書の**プログラムリスト**や**サンプルデータ**は、サポートページからダウンロードできます。

```
http://www.kohgakusha.co.jp/support.html
```

　ダウンロードした ZIP ファイルを、下記のパスワードを「大文字」「小文字」に注意して、すべて「半角」で入力して解凍してください。

47FatLb9

第1章 マイコン内蔵「RGB-LED」点灯の基本

「シリアル・データ」で LED を制御する

「RGB フルカラー LED」が登場したことで、高輝度の「屋外ディスプレー」を見掛けるようになりました。

その1つ1つに使われている「RGB-LED」には、マイコン内蔵のものもあります。

まずは、「秋月電子」で1個40円で購入できる2種類の「マイコン内蔵 RGB-LED」点灯の基本について述べます。

1.1 マイコン内蔵「RGB-LED」の点灯の基本

本章で使うマイコン内蔵の「RGB-LED」は、一般的な「RGB-LED」と同様に「4本足」ですが、その点灯方法は、まったく異なります。

一般的な「RGB-LED」であれば、コモン（共通端子）に「＋」または「−」を加えて、あとは、点灯させたい「RGB」のいずれかの端子に適当な値の抵抗を入れて電流を流せば点灯します。

*

本章で取り上げるマイコン内蔵の「RGB-LED」は、「PL9823-F8」（40円）と「OST4ML8132A」（40円）の2つです。

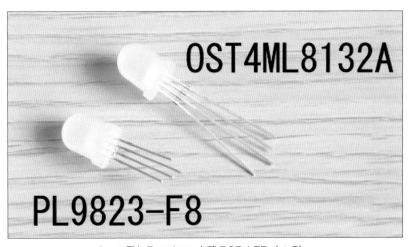

2つの異なるマイコン内蔵 RGB-LED（φ8）

この2つは、写真のように、足の長さ以外、見た目にはまったく同じにしか見えません。

しかし、「シリアル・データ」を送り込んで点灯させる方法は同じでも、その「シリアル・データ」はまったく異なるものです。

では、それぞれの点灯のさせ方を解説します。

本章で解説するのは「PL9823-F8」を点灯させる方法です。

いずれの LED も 4 つの端子は、次の図のようになっています。

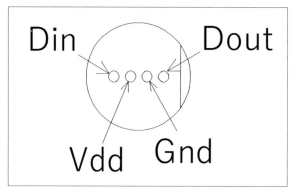

bottom view

「Vdd」は「+5V」（標準）、「Gnd」はマイナス（−）、「Din」は「シリアル・データ」の入力端子、「Dout」は、「シリアル・データ」を次のデバイスに送るための端子になります。

単純に「RGB」のそれぞれの LED を点灯させるものとは異なり、メーカーが示す、制御用の「シリアル・データ」を送り込むことによって、色だけでなく、「輝度レベル」まで制御できます。

「RGB」それぞれで、256 段階で輝度を変えられるので、理論上は「256 × 256 × 256 ＝ 16777216 色」が表現可能です。

■「PL9823-F8」点灯の基本

最初に「PL9823-F8」について、メーカーが示している制御信号を示します。

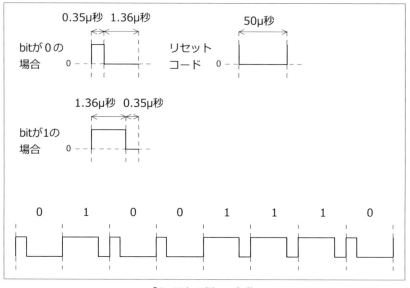

「0x4E」の例　一色分

「RGB」の各 LED を点灯させるために、1バイトの「輝度レベル信号」を送ることになるので、全部で3バイト（24bit）の信号を送る必要があります。

値の意味は、「0」が「輝度レベル 0」（点灯しない）で、FF（255）がフル点灯ということになります。

この「バイナリー・データ」を入れる端子は、「Din」1か所なので、1バイトぶんのデータを送る場合でも、1ビットずつを切り出して送出する必要があります。

＊

この波形を作るために「PIC」の「C コンパイラ」で、一般的に使われることの多い「delay_ms( )」や「delay_us( )」を使おうとしても、「delay_us(1)」が最小の「時間待ち関数」なので、1μ秒の「時間待ち」しかできず、それ以下の「時間待ち」は作れません。

「PL9823-F8」の資料で示されている「0.35μ秒」や「1.36μ秒」などをどのようにして作るかということになります。

＊

「CCS-C コンパイラ」では、「delay_cycles( )」を使う方法があります。

「delay_ms( )」や「delay_us( )」は、基本的には、CPU のメイン・クロックにかかわらず、指定した「時間待ち」をしてくれます。

それに対して、「delay_cycles( )」は、「CPU メイン・クロック」に依存した待ち時間となります。

「delay_cycles(1)」は、メイン・クロックの4倍です。

メイン・クロックが 40MHz の場合、「delay_cycles(1)」は、理論的には「0.1μsec」となります。

本章で使いたいのは、「0.35μsec」と「1.36μsec」ですから、「0.35μsec」は、理論上は単純に「delay_cycles(4)」となり、「1.36μsec」は「delay_cycles(12)」と設定することで作ることができます。

（「0.35μsec」や「1.36μsec」は許容範囲があり、それぞれ 0.2μ秒〜 0.5μ秒、1.21μ秒 〜 1.5μ秒の範囲内 (± 0.15μ秒) で変更可能)

＊

では、実際に、1のデータ波形を生成するための「delay_cycles(10)」「delay_cycles(3)」と、0のデータ波形を生成するための「delay_cycles(3)」「delay_cycles(10)」を使って出力した波形を「オシロスコープ」で確認して、それぞれの1パルス幅がどれぐらいになっているかを見てみたいと思います。

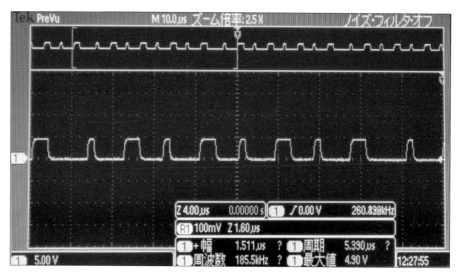

「0x55」を送出したときの波形

＊

なお、クロックは、「コンパイラで」選べる最速の 64MHz で行ないます。

（理論上は「delay_cycles(4)」、1.36μsec は「delay_cycles(12)」ですが、値を変えています）

0 信号の幅が「0.5μsec」、1 信号の幅が「1.4μsec」となっていました。

1.2　「PL9823-F8」基本点灯回路　📖巻末プログラム

以下に、1 個の LED の色を、「赤・緑・青・黄色・紫・水色・白・灰」と順次点灯させるための最小限の回路とプログラムを示します。

「PIC18F13K22」による点灯テスト回路基板

　なお、「PIC18F13K22」とこの後使う「PIC16F1503」は、ピン数は違いますが、ピンの機能は同じなので、「PIC18F13K22」で使う「20 ピン IC ソケット」で、「PIC16F1503」の回路もそのまま差し替えで使えます。

　異なるのは、「ポート C0」と「C1」部分の「抵抗分圧回路」だけです。

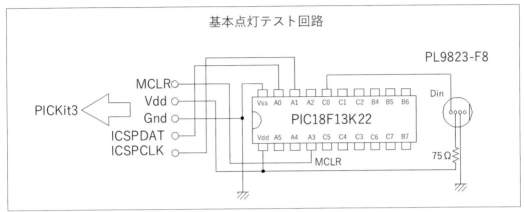

基本点灯テスト回路

1.3　「OST4ML8132A」基本点灯回路 📖巻末プログラム

　「OST4ML8132A」について、メーカーが示している制御信号を示します。

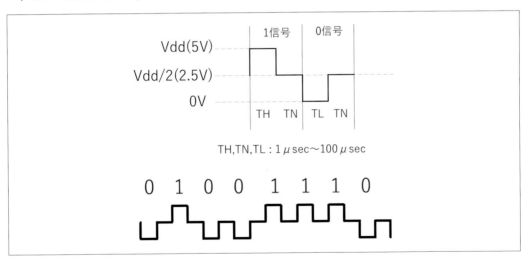

（0x4E の例　1色ぶん）　1バイトデータの転送順は、「B、G、R」となる

　「BGR」の各「LED」を点灯させる1バイトの「輝度レベル信号」を送るには、「PL9823-F8」と同様に、全部で3バイト（24bit）の信号を送る必要があります。

　値の意味は、「0」が「輝度レベル 0」（点灯しない）で、「FF」（255）が「フル点灯」という点も同じです。

＊

しかし、この波形は、明らかに「PL9823-F8」とは異なるものです。

最も異なる点は、単に「1」「0」の信号波形ではなく、「Vddの半分のレベル」が存在することです。

マイコンの1ポートで制御できるのは、「0」と「1」だけですから、その半分の値を表現することはできません。

OST4ML8132A

では、「この波形はどうやって生成するか」ということがポイントになります。

*

これまでこのような「シリアル波形」を必要としたことがなかったため、どうすればいいのか、見当もつきませんでした。

しかし、何日か悩んでいるうちに、「抵抗による分圧を使う」ということが浮かびました。つまり、次の図のようなことです。

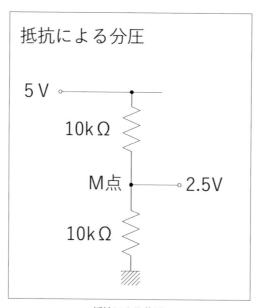

抵抗による分圧

この回路における「M点」の電圧は、「5V」の半分の「2.5V」になります。

これは、「M点」の上下にある「抵抗」の比率によって決まります。
2つの「抵抗」の値が同じであれば、「M点」は「5V」の半分になります。

　ですから、2つの「抵抗値」が極端に低かったり、高かったりしなければ、実用上は、「10kΩ」が「22kΩ」でも、「5kΩ」でも電圧に違いはありません。

　しかし、「M点」を「RGB-LED」の「信号端子」に接続すればいいとは想像がついたのですが、マイコン側からの「信号端子」をどうするかが分かりませんでした。

　しばらく考えて、次のようにすればいいことが分かりました。

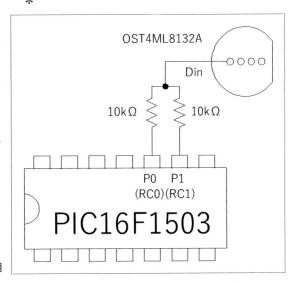

「10kΩ」をつないで2ポート使用

　このようにしてから、「P0」「P1」（仮の名称）に、**表**のように信号を送れば、「1/2Vdd」が設定できます。

　これは、気づいてしまえば、何の変哲もないことですが、「P0」「P1」は「+5V」にも「0V」にもでき、また、それぞれを異なる電圧にすることもできるためです。

ポートへの信号パターンによる「Din」の電圧

P0	P1	Din 電圧 (V)
0	0	0V
0	1	2.5V
1	0	2.5V
1	1	5V

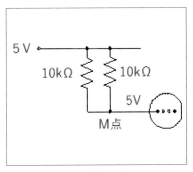

「P0」「P1」が両方「1」のとき

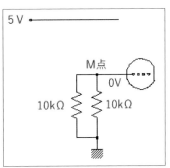

「P0」「P1」が両方「0」のとき

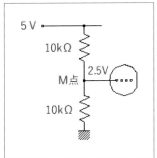

「P0」「P1」のどちらか一方が「1」のとき

　実際に「PIC16F1503」を使って、「01010101」（0x55）を送出したときの「波形」をオシロスコープで表示してみました。

　見事に、「メーカーが指定する波形」になっていることが分かります。

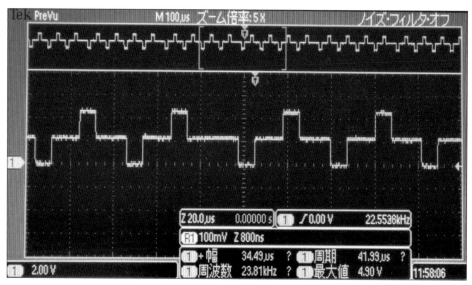

オシロスコープで確認した波形

＊

　以下に、1個の「LED」の色を「赤・緑・青・黄色・紫・水色・白・灰」と順次点灯させるための最小限の回路を示します。

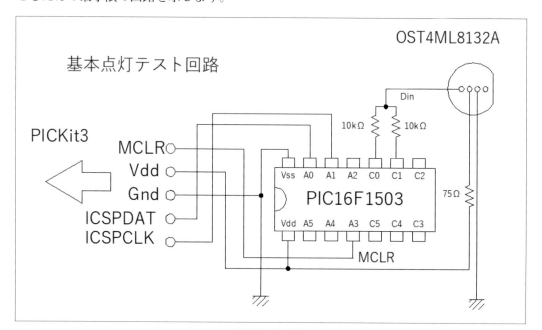

基本テスト回路

「PIC16F1503」点灯テスト回路基板

1.4 「LED」の連結

これらの「LED」の色を制御するのは、「シリアル・データ」のため、連結は非常に楽です。

単に次のようにすればいいだけです。

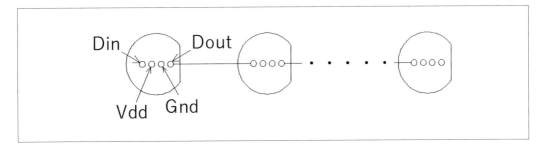

データは、「Dout」から次の「LED」へ送られるので、色のデータを次々と送り込むだけです。

*

「PIC16F1503」で、「OST4ML8132A」を2個連結した場合のプログラムを巻末に掲載しています。

何個連結する場合でも、同じようにプログラムをすればOKです。

「LED」の連結

「PL9823-F8」と「OST4ML8132A」の選択のポイント

　ここまで見てきて分かることは、この2つの「RGB-LED」の制御方法は、似て非なるものだということです。

　どちらを選ぶかのポイントは、

① 「PL9823-F8」を使う場合

(1) 高速な「PIC」（「PIC18F」以上の「CPU」と「32MHz」以上の高速クロック）が必要となる。
(2) 「制御ポート」は1ポートのみ。
(3) 1ビットにかかる転送スピードが速いので、多くの「LED」を連結する場合は有利になると思われる。

② 「OST4ML8132A」を使う場合

(1) 「PIC16F」系のマイコンで、クロックが「4MHz」でも制御可能。
(2) 「制御ポート」は2ポート必要。
(3) 1ビットにかかる転送スピードの幅が広い（1μsec～100μsec）ので、安定したデータ転送が可能と思われる。

　しかし、多くの「LED」を連結する場合は、「データ遅延」などで問題にならないか実験する必要がある。

　ということになります。

第2章 「イルミネーション・キューブ」を作る

「ルービック・キューブ」は、発売されてから瞬く間に大人気となり、日本全国の販売店では行列が出来ました。

あれから40年近くが経って、最近ではAmazonなどでも安い価格で購入できます。
私も当時、挑戦しましたが、全面を揃えられたことは一度もありませんでした。

その苦い経験を基に、キューブに手を触れずに自動で揃えられる「イルミネーション・キューブ」を作ってみました。
「一度崩すと揃えられない」という方の不満を解消し、自動でサクサク揃う快感を味わえます。

2.1 「ルービック・キューブ」とは

「ルービック・キューブ」は、日本では1980年に売り出された「立体パズル」です。
その人気は今でも衰えず、国内外でコンテストも開かれています。

説明の必要もないかもしれませんが、次の図のようなもので、今では、「3×3」以外にも、「2×2」や「4×4」「5×5」など、さまざまなバリエーションのものが販売されているようです。

市販の「ルービック・キューブ」（左）と「イルミネーション・キューブ」（右）

2.2 「3×3 ルービック・キューブ」の回転パターン

「ルービック・キューブ」は、次の**図**のように、全部で「9パターン」の回転ができます。

それぞれで、「右回り」「左回り」（時計回り、反時計回り）させることができ、「9 × 2 = 18通り」の「回転パターン」があります。

それによって、各面（色）が別の面（色）へと移動していくのです。

その移動のパターンは、決して難しく複雑なものとは言えません。

しかし、「ルービック・キューブ」には上下左右の区別がないため、「どのように動かしたのか」を記憶しておくことは、人間には極めて困難です。

このため、何度か回転を加えてしまうだけで、容易に元に戻して色を揃えることができなくなってしまいます。

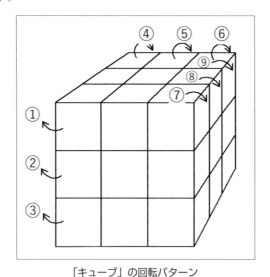

「キューブ」の回転パターン

2.3 解法プログラム

この難解な「ルービック・キューブ」の面を揃えるための、パソコン用の「プログラム」が、30年以上も前の「I/O誌」にも載っていたような記憶があります。

どのような「アルゴリズム」かは、分かりませんが、"ぐちゃぐちゃになった「キューブ」の「面」の「色情報」を入力すると、回転の順序を示してくれる"というようなものだったと思います。

しかし、「ルービック・キューブ」の特徴として、人間の目では一度に絶対に「3面」までしか見ることができませんから、残りの「3面」を見るためにはキューブを動かさな

ければなりません。

　動かすと、最初の位置関係との区別がつきにくいので、どこをどのように回転させれば正しいのかも、分からなくなってしまいます。

2.4 イルミネーション・ルービックキューブ

　「ルービック・キューブ」は購入した時点では、色が揃っていることが一般的なので、そこから、「回転」を加えていく際の「手順」（どこをどう回したのか）を逐一記憶しておいて、その記憶を間違えずに逆にたどれば、「全面」を揃えられる（元に戻せる）ことは言うまでもありません。

　しかし、動かした状況を記憶しにくいのが「ルービック・キューブ」の特徴でもあるため、そのような方法が通用することは、まずありませんでした。

＊

　本章での「イルミネーション・ルービックキューブ」では、この記憶しにくい「回転パターン」を「マイコン」が逐一記憶していきます。

　そうすることで、何百回「回転」を加えようが（「メモリ」の都合上限界はありますが）、その「逆手順」を辿って、元に戻すという、これまでとはまったく異なる方法で、全面を揃えようというものです。

　そこには、AIや特別な解法アルゴリズムなどの要素はまったく含まれていません。

　「別に、そんなことをしなくても、単に面の色を一発初期化すればいいのでは？」と言われそうです。

　しかし、それでは、あまりにも芸がなく（一応リセットスイッチは付けました）、面白くないので、きちんと、逆手順を踏むプロセスが見えて、最後に揃う快感を得ようというものです。

　また、元に戻す手順を行なっている際の「スピード」も、「ボリューム」を動かすことで、ゆっくりにしたり、速くしたりできるようにしています。

2.5 「面」の色に使う「LED」

　本章での「イルミネーション・ルービックキューブ」では、当然、機械的に「キューブ」が移動することはありません。

　各6面に配置した9つの「RGB-LED」の色が変化することで、実際の「ルービック・キューブ」と同様の「色変化」を作ります。

　1面に9個のRGB-LEDを使いますから、6面分で54個の「LED」が必要になります。

前章で紹介した「秋月電子」で1個40円で販売されている「Φ8mm」の「OST4ML 8132A」を使うので、54個でも2160円ですみます。

*

本章で制御に使う「CPU」は190円と安価な「PIC18F13K22」を「クロック8MHz」で使います。

他の「PIC」でも利用可能ですが、ここではプログラムが長いため、「ROM容量」が「8K」以上のものを選んでください。

高速なクロックを必要としないため、「PIC16F」系でもROM容量さえ「8K」以上のものであれば動作可能だと思います。

*

「RGB-LED」には、クロックが比較的高速ではない「CPU」を使う都合上、低速のクロックでも「制御波形」を作りやすい、「OST4ML8132A」を使うことにしました。

「PL9823-F8」は「OST4ML8132A」と似て非なるもので、本章での回路では動作しません。

間違えないようにしてください。

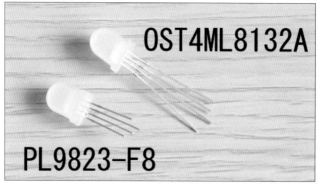

似て非なる2つのマイコン内蔵RGB-LED

2.6 キューブ回転による「面データ」の変化確認 📖巻末プログラム

「ルービック・キューブ」では、6つの各面に同色のマスが9つ配置してありますが、最初にどの位置の色がどこに移動していくのかは、見た目では容易に分かりません。

そこで、「面データ」が「回転」によってどのように変化していくのかを解析するために、実際の「ルービック・キューブ」の面に「位置データ認識」のための数字と、「色番号」を示す数字を貼り付けて、実際の回転によってその数字がどのように変化するのかを見ていくことにしました。

(0,0,0)の表現では、最初の数が「面番号」(0～5)、次の数が「縦方向の位置」(0～2)、

最後が「横方向の位置」（0～2）です。

その下の数は「色番号」で、0～8は「緑」、9～17は「黄色」というように示しています。

6面に「識別番号」と「3次元配列添え字」を貼り付ける

実際には、同色ならば同じ番号でいいのですが、解析のときは、「面データ」がどのように変化するのかを掴みやすいように異なる番号を入れています。

（パソコンの「解析プログラム」ではこの数字が表示される）

(4,0,0) 36	(4,0,1) 37	(4,0,2) 38									
(4,1,0) 39	(4,1,1) 40	(4,1,2) 41									
(4,2,0) 42	(4,2,1) 43	(4,2,2) 44									
(0,0,0) 0	(0,0,1) 1	(0,0,2) 2	(1,0,0) 9	(1,0,1) 10	(1,0,2) 11	(2,0,0) 18	(2,0,1) 19	(2,0,2) 20	(3,0,0) 27	(3,0,1) 28	(3,0,2) 29
(0,1,0) 3	(0,1,1) 4	(0,1,2) 5	(1,1,0) 12	(1,1,1) 13	(1,1,2) 14	(2,1,0) 21	(2,1,1) 22	(2,1,2) 23	(3,1,0) 30	(3,1,1) 31	(3,1,2) 32
(0,2,0) 6	(0,2,1) 7	(0,2,2) 8	(1,2,0) 15	(1,2,1) 16	(1,2,2) 17	(2,2,0) 24	(2,2,1) 25	(2,2,2) 26	(3,2,0) 33	(3,2,1) 34	(3,2,2) 35
(5,0,0) 45	(5,0,1) 46	(5,0,2) 47									
(5,1,0) 48	(5,1,1) 49	(5,1,2) 50									
(5,2,0) 51	(5,2,1) 52	(5,2,2) 53									

「識別番号」を割付

＊

そうして得られた「データ変化」をパソコンで確認できるようなプログラム（巻末）を作りました。

このプログラムでは、「in」という「変数」に、前述した18通りの「回転パターン番号」を設定すると、その回転の結果「面データ」がどのように変化したかが、画面に表示されます。

「表示されたデータ」と「実際に動かしたときのデータ」が一致していれば、そのプログラムを「マイコン」でも使うことができます。

```
C:¥Program Files (x86)¥Borland¥CBuilder5¥Projects¥cube¥Project1.exe
(9, 10, 11)
(3, 4, 5)
(6, 7, 8)

(18, 19, 20)
(12, 13, 14)
(15, 16, 17)

(27, 28, 29)
(21, 22, 23)
(24, 25, 26)

(0, 1, 2)
(30, 31, 32)
(33, 34, 35)

(42, 39, 36)
(43, 40, 37)
(44, 41, 38)

(45, 46, 47)
(48, 49, 50)
(51, 52, 53)
```

「n=1」のときの「データ確認」画面（1面〜6面）

「mainプログラム」にある、「in」の値に1〜18を設定してプログラムを動かすと、その「回転パターン」に対する変化した「面データ」が表示されます。

最終的には「マイコン」でプログラムを作るわけですが、本章でのようなケースでは、作った「面データ変化」のプログラムが正しいかどうか、「マイコンプログラム」では確認しづらいです。
そのため、このようなプログラムをいったんパソコンで作ってから検証するといいでしょう。

2.7 「イルミネーション・キューブ」の全回路図

本章で製作した「イルミネーション・キューブ」の「制御回路」を以下に示します。

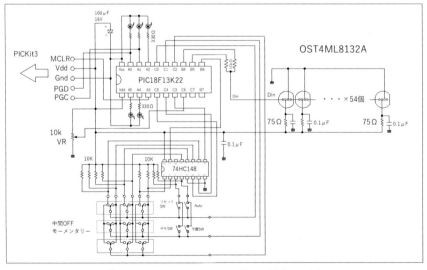

「イルミネーション・キューブ」の「制御回路」

「イルミネーション・キューブ制御回路」の主な部品表（秋月電子）

部品名	型番	秋月通販コード	必要数	単価	金額
PIC マイコン	PIC18F13K22	I-05846	1	190	190
20PIN 丸ピン IC ソケット		P-00031	1	50	50
8to3 エンコーダ	74HC148	I-08599	1	30	30
RGB-LED	PL9823-F8	I-08412	54	40	2160
抵抗	75Ω 1/6W	R-16750	54	1	54
抵抗	10k 1/6W	R-16103	8	1	8
ボリューム	10k B型	P-00246	1	40	40
トグルスイッチ （両モーメンタリー）	3P	P-12713	9	100	900
トグルスイッチ用 ツマミカバー	好きな色で	P-05911	9	10	90
タクトスイッチ	〃	P-03648	4	10	40
両面ユニバーサル基板 （マイコン用基板用）	47mm × 36mm	P-09327	1	70	70
電解コンデンサ	100μF 25V	P-03122	1	10	10
積層セラミックコンデンサ	0.1μF	P-10147	55	2.8	154
				合計金額	3,796 円

*

　「A0」～「A5」ポートには、「LED」が5つ付けてありますが、これは「キューブ回転オペレーション」のための「スイッチ」の値を「バイナリ」でモニターするものです。

　完成すれば必要ありませんが、開発中は「スイッチ」を操作したときに、きちんと意図した値が返ってきているか確認するために必要です。

　また、「LED」が合計54個もあるため、全体の「消費電力」が結構大きく、約「1.4A」の電流が流れます。
　そのため、電源に「ACアダプタ」を使う場合は、「5V-2A」以上のものを使ってください。

> ※ なお、「消費電力」が大きいので、「PICkit3」からの電力では動かせません。
> 　よって、プログラムを書き込む際は、「LEDキューブ基板」を外した状態にしてください。

制御基板（左）と回転用「スイッチ Box」（右）

「回転オペレーション」に使う「スイッチ」には、写真のような「中間 OFF」タイプで、「両モーメンタリー」のものを使います。

※「両モーメンタリー」とは、手を離すと中間に戻るタイプの「スイッチ」です。

「レバー」に任意の「色付きカバー」（別売り）を付けると、きれいで操作しやすくなります。

両モーメンターリー・スイッチ

2.8 「イルミネーション・キューブ」本体の作成 📖巻末プログラム

[手順] 本体の組み立て

[1] 写真のように「ユニバーサル両面基板」に 9 個の「LED」を配置して「面基板」を作ります。

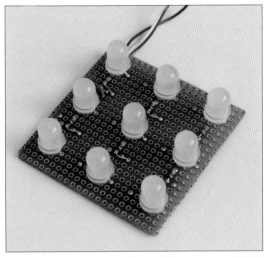

「ユニバーサル両面基板」を使った「キューブ」の 1 面基板

　「キューブ」は 6 面なので、6 枚作ります。

　1 枚作るごとに、**「チェック・プログラム」（巻末）**を実行して正しく動作するか確認してください。

[2] 図のように、「0.8mm」程度の「ホルマル線」（スズメッキ線）で 2 か所をつなぎ、「はんだ付け」します。

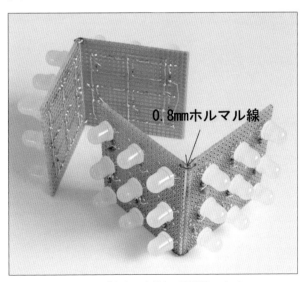

0.8mmホルマル線

0.8mm「ホルマル線」で基板をつなぐ

[3] 「L型」を2つ作り、同様にしてつなぎます。

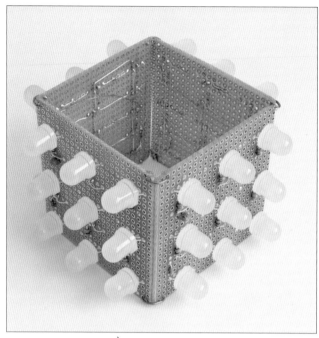

「L型」2つを同様にしてつなぐ

[4] 4面完成したら、先ほどの「プログラム」の「ループ回数」を変更（「内ループ」の9を36に変更）して、正しく4面の色が変わるかチェックします。

[5] 6面が完成したら、**「チェック・プログラム」（巻末）**で各面が同色で変化していくかどうかチェックします。

※ なお、「main」以外の部分（関数など）は先ほどの「プログラム」と同様です。

2.9 | 使い方 📖巻末プログラム

　使い方は簡単で、回転させるための9個の「スイッチ」を「回転方向」に倒して、「キューブ面」を回転させるだけです。

完成実行例

*

　「逆手順」で揃えるためには、「auto スイッチ」を押します。

　その際のスピードは「VR」で制御可能です。

*

　6面に設定する色は、「color( ) 関数」で任意に設定できます。

　巻末に、**最終的なプログラム**を掲載しているので、ご覧ください。

2.10 「専用プリント基板」の作成

　本章でのテーマでは、正方形の「基板」にRGBの「マイコン内蔵LED」を9つ配置したものを、6枚作る必要があります。

　最近は、少ない枚数でも安価に「プリント基板」を作れるので、「ルービック・キューブ」に体裁を似せるために、「白いプリント基板」を作ってみました。

　「プリント基板」を発注するときに「レジスト」[※1]の色を指定できますが、一般的に、安価なものは当然「緑色」です。
　それ以外の色だと、値段が跳ね上がります。

　ここでは「白」を指定しましたが、「PCBgogo」なら、「緑」と同じ価格で作ることができます。
　そこで、「レジスト」の色を「白」、「シルク」[※2]を「黒」で指定して作ってみました。

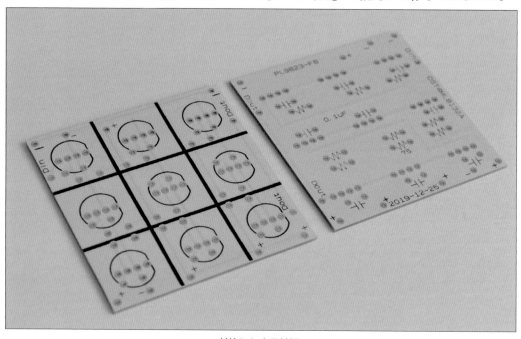

外注した専用基板

　価格は、25枚で6200円ほど（「送料」（Fed-Exp）、「決済手数料」（PayPal）込み）でした。

> ※1　レジスト：「プリント基板」に塗られている「絶縁塗料」。
> ※2　シルク：「基板」に入れる、覚書のような「文字」「記号」「線」など。

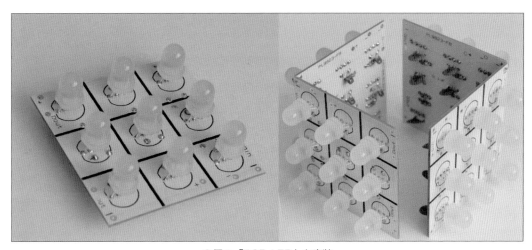

9個の「RGB-LED」を実装

完成した「キューブ」

第3章 モータ・コントローラ

ボリューム1つで「DCモータ」の"正転・逆転" "スピードコントロール"を実現

「DCモータ」を使った装置には、たくさんのものがあります。

多くの場合、そのモータの「回転スピード」を変化させたり、「回転方向」を反転させたい場合などがあります。

ここでは、そのような場合に、ボリューム1つで「正転・逆転」と「スピード」のコントロールができる回路とプログラムを紹介します。

応用範囲の広い回路とプログラムですが、主要回路の製作費用は「600円程度」と安価に作れます。

3.1　市販の「モータ・コントロール・モジュール」

本章でのようなテーマは、モータを使う多くの場面で必要とされます。

秋月電子には、そのような「PWMハイパワーDCモータスピードコントローラ」が250円という安価で販売されています。

このモジュールには、NEC製の「ハイパワーMOS-FET」である「2SK3357」が使用されており、「7V〜30V-5A」のモータが駆動可能です。

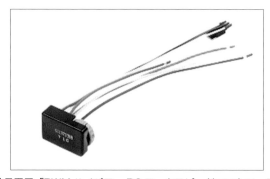

秋月電子「PWMハイパワーDCモータスピードコントローラ」

かなりの「パワー・モータ」にも対応できるようなので、実際にラジコン用の「RS540タイプ」のモータをつないで実験してみました。

＊

このタイプのモータでは、起動電力が大きいので、「大電流」を流せるタイプの「バッテリ」をつなぐ必要があります。

「3A」程度の電源器では、「モータ」が起動しないこともあります。

また、大電流で長時間モータを回す場合は、外に出ている「2SK3357」は「放熱板」

に固定して、充分に冷却をする必要があります。

実際の使用例

本章で使ったようなハイパワーのモータでも、問題なくスムーズな回転数コントロールができています。

ただし、ボリュームを絞っていっても、回転数は「0」にはなりませんでした。

秋月の仕様書では、回転数のコントロールは「20%〜100%」とあります。

また、モータを接続したままの状態で逆回転することはできませんので、逆転させたいときは、モータ容量に見合ったメカニカルなスイッチを使う必要があります。

3.2 1つのボリュームで「正転」「逆転」「スピードコントロール」

秋月の「モータ・コントローラ」は安価で使い勝手も悪くないのですが、「正転」「逆転」が可能で、なおかつ「スピードのコントロール」もしたい場合には、対応がしにくくなります。

そこで、ここでは、「ボリューム1つ」でそれらを可能にすることを目指します。

*

マイコンには「PIC16F1823」（110円）を使います。

このマイコンは、110円という低価格にもかかわらず、「ADコンバータ」や「PWM波形の生成」に便利な「CCP」を備えていることが選択の理由です。

モータ制御　回路基板

　回路では、モータの「正転・逆転」には特別な回路はなく、一般的な「P型」と「N型」の「フル・ブリッジ・コントロール」に、マイコンの「CCP」の機能をPWMの信号として使うというものです。

　また、「回転数」のコントロール用のPWM信号は、「A2ポート」を「ADコンバータ」の入力として使い、「10kΩ」のボリュームで変化する電圧を読み込んでそれを反映させているだけです。

　それでなぜ、ボリュームだけで「正転・反転」するかということになりますが、それはソフトウエアで工夫しています。

＊

「回路」は、**下図**の通りです。

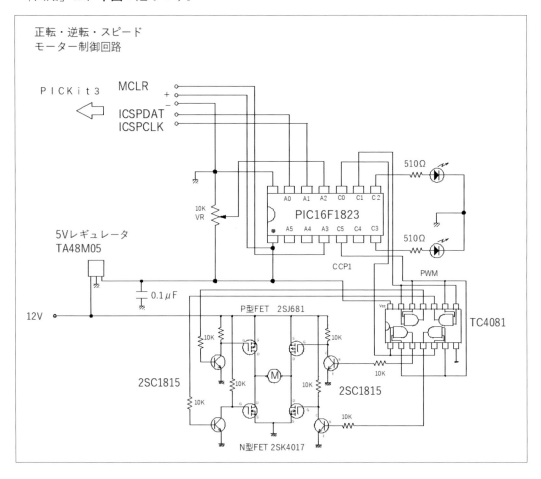

　ここでは、FETに最大電流が「5A」程度のものを使ったので、モータの容量としては、「1A」程度のものまで制御可能です。

　もっと大きなパワーのモータを駆動したい場合は、「2SK4017」を「2SK3140」

（60V-60A）、「2SJ681」を「2SJ334」（60V-30A）などに変えてください。

　その場合は、次のように回路を変更して、「モータ用電源」と「マイコン用電源」は分けたほうが安全です。

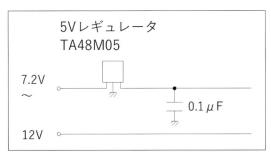

回路変更図

正転・逆転・スピードコントロールの主な部品表（秋月電子）
（モータ・電源を除く）

部品名	型番	秋月通販コード	必要数	単価	金額
PICマイコン	PIC16F1823	I-04347	1	110	110
TTL（AND）	TC4081	I-13732	1	30	30
NPNトランジスタ	2SC1815	I-00881	4	10	40
N型-FET	2SK4017	I-07597	2	30	60
P型-FET	2SJ681	I-08358	2	40	80
5Vレギュレータ	TA78L05など（TA48M05）	I-08973	1	20	20
2色LED	OSRGHC3132Aなど	I-06313	1	15	15
14PIN 丸ピンICソケット		P-00028	1	25	1
0.1μF 積層セラミックコンデンサ		P-00090	1	10	10
1/6W 抵抗	10kΩ	R-16103	8	1	8
1/6W 抵抗	510Ω	R-16511	2	1	2
10kΩボリューム	10kΩ-B型	P-15219（P-09238）	1	60	60
電源スイッチ	3Pトグルスイッチ	P-03774	1	80	80
パワーグリッドユニバーサル基板	47mm×36mm	P-09327	1	75	75
				合計金額	591円

また、「5Vレギュレータ」の「TA48M05」は、安価な「TA78L05」(20円) でも置換可能ですが、「入力」と「出力」ピンが逆なので、置き換える場合は、回路図に注意してください。

■ ボリューム

「ボリューム」は10kΩ B型を使います。
「回転式」「スライド式」どちらでも好みのものを使ってかまいません。

本章の回路では、「回転式ボリューム」の場合は、中間付近でモータの回転がほぼ停止し、そこから右回転または左回転で回転方向が切り替わります。
したがって、どちらの回転方向でも、ボリュームを左いっぱい、もしくは右いっぱいに切ったときが最大の回転数となります。

ボリュームの位置による回転状態

製作例（スライドボリューム仕様）

3.3 コントロール・プログラム 📖巻末プログラム

　前述したように、「ボリューム」だけで「モータ」が「正転・反転」するのは、ハードウエアに仕掛けがあるわけではなく、ソフトウエアをちょっとだけ工夫しています。

　しかし、特別な記述ではなく、**巻末プログラム**を見ていただければ分かりますが、至極簡単なものです。

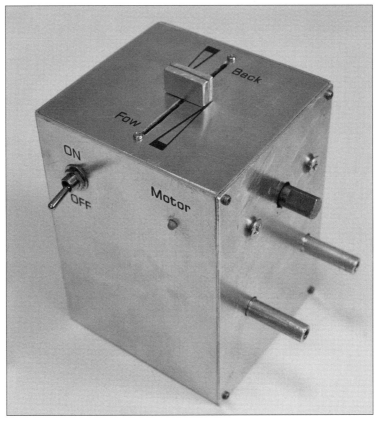

完成したモータ・コントローラ

第4章 「ツインモータ制御」のアナログジョイスティック

スピードもコントロールできる制御回路を作る

ここでは、秋月電子で販売されている「アナログジョイスティック」を使って、「スピードもコントロールできる、2モータ制御回路」を紹介します。

4.1 「アナログジョイスティック」の構造

アーケードゲームでも多用されているタイプの「ジョイスティック」は、メカニカルな「マイクロスイッチ」を使った構造でした。

ロボットに応用した例

スイッチの「ON-OFF」だけの構造なので、「デジタルジョイスティック」とも言えます。

＊

それに対して、「アナログジョイスティック」は、スイッチの代わりに、**「可変抵抗」**（ボリューム）を2つ使ったシンプルな構造になっています。

そして、たいていのものは、手を離すと、スティックがセンターに戻るようになっています。

可変抵抗の値が「10kΩ」の場合は、スティックがセンターに戻っている状態の抵抗値は半分の「約5kΩ」になっています。

そして、スティックを倒すと、倒す方向によって、「5kΩ」よりも抵抗値が低くなったり、高くなったりします。

＊

ただし、実際に測定してみると、一般的な可変抵抗器のように、「0Ω」になったり、最高値の「10kΩ」まではいかないようです。

また、スイッチ式のジョイスティックに比べて、非常に小さく軽量でコンパクトで、激しい動きに耐えるようには見えません。

それについては、使用する状況によるので、特に問題はないかもしれません。

4.2 秋月電子で購入できる「アナログジョイスティック」

秋月電子で扱っている「アナログジョイスティック」には何種類かあり、写真のようのものがあります。

アナログジョイスティック

価格は「190円〜980円」ほどと、かなり差がありますが、基本的な構造や使い方に違いはなく、どれでも同じように使えるはずです。

金額の高いものは、「スティックバー」に「つまみ」が付いていたり、「基板」に実装されていたり、さらに「ケーブル」が付属してきたりします。

それらが、特に必要なければ、190円のものでも、問題なく使えると思います。

4.3 基本的な使い方と回路図

アナログジョイスティックとは言え、中身は単なる「可変抵抗器」が2つ付いていて、それが、スティック1つで「前後左右」に動かせるような構造にしているだけです。

そのため、基本的には「可変抵抗器を使ったスピードコントロール回路」を使えば、目的の動作を実現できます。

＊

まず、最も単純に、スティックを前側に倒すと、モータが「正転」し、手前側に倒すとそれぞれのモータが「逆転」するようにしてみます。

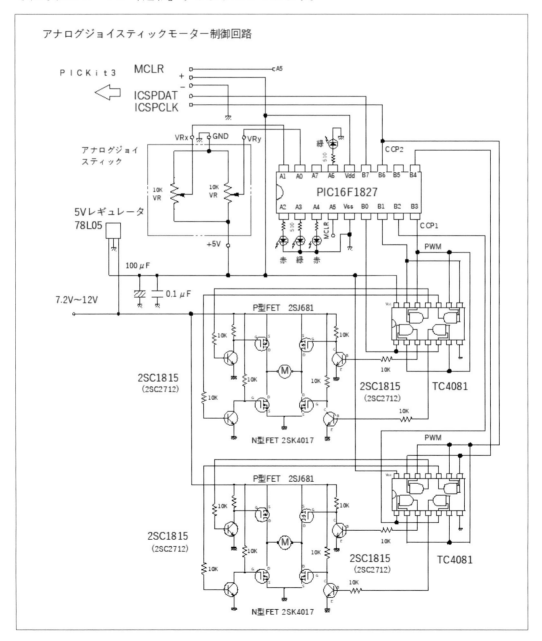

　もちろん、「アナログジョイスティック」の特性を生かして、スピードも変わるようにします。

　この場合は、アナログジョイスティックに付いている2つの「可変抵抗器」を動かすことによって、それに応じた2つのモータが単純に「正転」「逆転」します。

　ジョイスティックから手を離すと、モータは停止します。

＊

　制御には、PICマイコンを使った例を示します。

　最終的に2つのモータを制御することを想定して、2つ以上の「A/Dコンバータ」と「CCP機能」が必要になります。

正転・逆転・スピードコントロールの主な部品表（秋月電子）
（モータ・電源を除く）

部品名	型番	秋月通販コード	必要数	単価	金額
PICマイコン	PIC16F1827	I-04430	1	140	140
TTL（AND）	TC4081BP	I-13732	2	30	60
NPNトランジスタ	2SC1815 (2SC2712)	I-00881	8	10	80
N型-FET	2SK4017	I-07597	4	30	120
P型-FET	2SJ681	I-08358	4	40	160
5Vレギュレータ	TA78L05など (TA48M05)	I-08973	1	20	20
2色LED	OSRGHC3132A など	I-06313	2	15	30
18PIN丸ピンICソケット		P-00030	1	40	1
0.1μF積層セラミック コンデンサ		P-00090	1	10	10
100μF　電解コンデンサ	（16V〜25V）	P-03122	1	10	10
1/6W抵抗	10kΩ	R-16103	16	1	16
1/6W抵抗	510Ω	R-16511	4	1	4
2軸アナログ ジョイスティック	（サインスマート）	M-08763	1	850	850
パワーグリッド ユニバーサル基板	47mm×36mm	P-09327	1	75	75
				合計金額	1,576円

　これらを有するPICはいくつかありますが、ここでは、安価な「**PIC16F1827**」（140円）を使うことにします。

完成した基板

4.4 制御プログラム

巻末に、制御プログラムを掲載しています。

＊

使用したコンパイラは **「CCS-C」** です。

「A/D コンバータ」からの値の読み込み部分や、「CCP 制御関数」などを書き換えれば、「XC コンパイラ」でも動作すると思います。

プログラムにおけるポイントは、「ボリュームの中間点からスティックを前に倒したとき」と、「手前に倒したとき」で、モータの回転が反転することです。

＊

一見、難しそうに思える処理ですが、プログラムを見れば、意外に簡単な処理で実現できることが分かります。

4.5 2つのモータをコントロールして、ロボットの動作を実現 📖巻末プログラム

モータ1つをコントロールする基本的なやり方は分かりました。

＊

では、ロボットなどの動作で、「2つのモータ」をコントロールして、「前進」「後退」「右旋回」「左旋回」などをさせるためには、どのようにすればよいでしょうか。

＊

先ほどの例のように、アナログジョイスティックのそれぞれの「可変抵抗器」で、それぞれのモータを制御すれば OK と思われますが、それでは、操作しづらいロボットになってしまいます。

そこで、次の表のようなオペレーションに対して、各モータの動作を決定してやれば

操作しやすくなります。

＊

　なお、スティックを倒す量で、CCP による PWM 制御でモータの回転数をコントロールするので、下記の「100」「－100」の値は約「20％〜100％」の間で変化します。

「スティック・オペレーション」による動作パターン表

パターン	スティック	左モータ	右モータ	動作名
A	向こう側	100	100	フル前進
B	Stop pos	0	0	停止
C	手前側	－100	－100	フル後退
D	右側	100	－100	右超信地旋回
E	左側	－100	100	左超信地旋回

（モータのスピードはスティックを倒す量により変化する）

ロボットに実装した制御基板

＊

　巻末にプログラムを掲載しています。

アナログジョイスティックをケースに入れる

　アナログジョイスティックを裸で使うのは、使い勝手が悪いので、適当なケースを使って実装します。

　ここでは、4mm の「シナ合板」と 1.2mm 厚の」アルミ板」で作ってみました。

　サイズは「縦 90mm、幅 60mm、高さ 20mm」で、「電源スイッチ」と「LED」も付け、「バッテリ」（7.4V リチウムポリマー）もケース内に収めました。

アナログジョイスティックをケースに実装した例

＊

　ここでは、製作したコントローラを 2 モータで走行させるロボットに使ってみました。

　プログラムにさらにコードを加えることで、どちらかのモータを 1 つだけ駆動して旋回させる「通常旋回」などを実現することも可能ですので、工夫してみてください。

第5章 マイコンを使った「音楽自動演奏」の基礎原理

「オリジナル16曲電子オルゴール」を作る

マイコンを使った「音楽自動演奏」装置を作りましょう。

製作費は800円程度と格安ですが、演奏中にテンをも変えることができる「オリジナル16曲電子オルゴール」が作れます。

5.1 「音楽自動演奏」とは

「音楽」が何かということは、哲学的になるので、ここで言う「音楽」は単純に「曲」と捉えます。

つまり、曲の「自動演奏」を目指します。

*

「曲」とは、「音符」や「休符」などの集合体と捉えられます。

もちろん、「音色」（音の波形）や「音の強弱」なども重要な要素になってきますし、さらに言えば、時間経過によって「音量」が減衰したり、「音程」が微妙に変化したりすることによっても「音色」（曲）の印象は大きく変わってきます。

ここでは、あくまでも、曲を構成する「音符」を①「音程」と②「音の長さ」のみで捉え、曲を構成していくことを目指します。

もちろん、「単音」のみです。

5.2 「音程」とは

「音程」とは、「単位時間当たりどれだけの振動数の波形か」ということで決まります。

*

私たちが学校で習う音楽や、普段耳にする音楽は、基本的に「12音階」というものを使っています。

この「12音階」とは、いわゆる「ド・ド＃・レ・レ＃・ミ・ファ・ファ＃・ソ・ソ＃・ラ・ラ＃・シ・ド」の、最初の「ド」の音から最後の「ド」の音までの間を、「半音」も含んで「12段階」（‐の数）で区切ったものです。

そして、「最初のド」の音の「振動数」（周波数）の「2倍」が「最後のド」の振動数になります。

これが「1オクターブ」です。

*

では、その間は、単純に12等分したものを足していけばよいかというと、そんなに

単純ではありません。

　仮に最初の「ド」の周波数が「523.23Hz」だったとすると、1オクターブ上の「ド」は「1046.46Hz」になります。

　この間は「523.23Hz」ですから、単純に12等分すれば「523.23 ÷ 12 ＝ 43.6」となり、「ド＃」は「523.23+43.6 ＝ 566.83」となりそうです。

　しかし、そうはなりません。

　なぜならば1オクターブ上の「1046.46Hz」では、先ほどの単純に12等分した「43.6」を一律に足せばいいというものではないからです。

　実際には、

$$\sqrt[12]{2} = 1.05946309436$$

のn乗を、元の音程に掛け算することで得られます。

　この考え方で計算すると、「ド」を「523.23Hz」とした場合、「ド＃」は「523.23 × 1.05946309436 ＝ 554.343」となります。

　「レ」は「523.23 × 1.05946309436 × 1.05946309436 ＝ 587.306」です。

＊

　ちなみに、1オクターブ上の「ド」(1046.46)の次の「ド＃」は「1046.46 × 1.05946309436 ＝ 1108.686」です。

　これは、1オクターブ下の「ド＃」で求めた「554.343」のちょうど2倍になっています。

　つまり、どの音をとっても、きちんと1オクターブ上の周波数は2倍に、1オクターブ下の音は、半分の周波数になるのです。

5.3　マイコンで「音程」を出力する

　「音程の理論」が理解できれば、その理論で決定される「各音程」の周波数で、何らかの波形を生成して「音階」が作れます。

＊

　「音程」を決定するときに、その都度先ほどの「2の12乗根」を掛け算するのでは、計算に時間がかかって非効率です。

　よって、あらかじめ計算してある「値」を定義しておいて、後は、その音程を指定することで、その周波数の波形が生成できるようにします。

＊

　音源生成用に開発された「LSI」は別として、いつも使っているような「マイコン」で

簡単に作ることができる波形は、「矩形波」（方形波）です。

　これは、プログラムで単純に「delay関数」を使って生成できるので、ここでは「矩形波」を使った「自動演奏」をしてみたいと思います。

＊

　表1は、あらかじめ「音程理論式」から計算した周期値（3音域分）です。

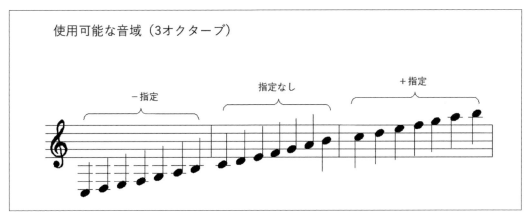

使用可能な音域（3オクターブ）

－指定　　　指定なし　　　＋指定

使用可能な音域

　「PICマイコン」のプログラムで使うのは、「周期」に記載した値です。
　表1における数値の単位は「ミリ秒」、つまり最初の「ラ」の音で言えば、2.27m/s は「,delay_ms(2) + delay_us(270)」です。

　実際には、「delay_us(2270)」で表現できます。
　この時間は、波形の「山」と「谷」を含めての時間なので、仮に、「山」と「谷」を等間隔で作る場合は、この半分の時間を「山」に、もう半分を「谷」に割り当てることになります。

> ※ なお、「CCS-C」では「delay_us()」のカッコ内に2バイトの変数も割り当てることができるので、簡単にプログラムできます。
> （他の「Cコンパイラ」では2バイトの変数が割り当てられない場合が多い）

　ただし、実際に出力される音程は、「理論値」どおりには出ないので、音程が気になる場合は、プログラム中の「fre=ontei[n]*0.99;」の「0.99」の値を調整して、なるべく正しい音程になるようにしてください。
　1未満にすると音程が高くなり、1以上にすると低くなります。

＊

　「デジタル・オシロ」で音の「周期値」を見ると、実際に出力されている音程の「狂い」が分かります。
　しかし、音程は微妙に変化しているので、ぴたりと正確な音程にはなりませんが、聞いていて違和感が出るほどではありません。
（絶対音感のない私には、ほぼ分からない程度）

表1　3音域分の周期値

和音名	ド	ド#	レ	レ#	ミ	ファ	ファ#	ソ	ソ#	ラ	ラ#	シ
洋音名	C	C#	D	D#	E	F	F#	G	G#	A	A#	B
周波数	261.63	277.18	293.66	311.13	329.63	349.23	369.99	392.00	415.30	440	466.16	493.88
周期 (msec)	3.822	3.608	3.405	3.214	3.034	2.863	2.703	2.551	2.408	2.273	2.145	2.025
和音名	ド	ド#	レ	レ#	ミ	ファ	ファ#	ソ	ソ#	ラ	ラ#	シ
洋音名	C	C#	D	D#	E	F	F#	G	G#	A	A#	B
周波数	523.25	554.37	587.33	622.25	659.26	698.46	739.99	783.99	830.61	880.00	932.33	987.77
周期 (msec)	1.911	1.804	1.703	1.607	1.517	1.432	1.351	1.276	1.204	1.136	1.073	1.012
和音名	ド	ド#	レ	レ#	ミ	ファ	ファ#	ソ	ソ#	ラ	ラ#	シ
洋音名	C	C#	D	D#	E	F	F#	G	G#	A	A#	B
周波数	1046.50	1108.73	1174.66	1244.51	1318.51	1396.91	1479.98	1567.98	1661.22	1760.00	1864.66	1975.53
周期 (msec)	0.956	0.902	0.851	0.804	0.758	0.716	0.676	0.638	0.602	0.568	0.536	0.506

5.4　「PIC」による「自動演奏回路」

　回路はいたって簡単で、特別な機能をもつ「PIC」である必要もないため、たいていの「PIC」が使えます。

　ただ、「クロック」は高速（64MHz）が望ましいのと、曲のデータをたくさん入れることを考えれば、内蔵メモリー量も多いほうがいいので、ここでは長めの曲データも入れることを想定して、「ROM容量」（約32Kword）、「RAM容量」（約3.8Kbyte）の大きな「PIC18F26K22」を使います。

＊

　また、VRでテンポを変更したり、複数定義した曲を「DIPロータリー・スイッチ」で選んだりできるようにします。（最大16曲）

＊

　「DIPロータリー・スイッチ」には、一応、選択されている数値（0～F）までが表示されていますが、小さくて見にくいので、「7セグメントLED」を付けて現在選択されている「曲番号」（16進数表記）を表示するようにします。

＊

以下が回路図とパーツ表です。

完成した基板

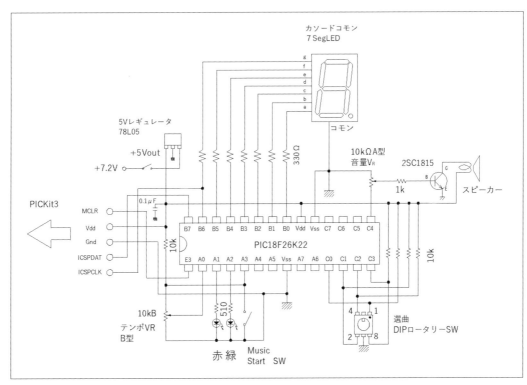

回路図

「イルミネーション・キューブ制御回路」の主な部品表（秋月電子）

部品名	型番	秋月通販コード	必要数	単価	金額
PIC マイコン	PIC18F26K22	I-05398	1	290	290
NPN トランジスタ	2SC1815	I-06477	1	5	1
28PIN 丸ピン IC ソケット		P-01339	1	70	1
5V レギュレータ	TA78L05 など（TA48M05）	I-08973	1	20	20
2色 LED（カソードコモン）	OSRGHC3132A など	I-06313	1	15	15
7セグメント LED（カソードコモン）	OSL10321-LR など	I-12286	1	50	50
0.1μF 積層セラミックコンデンサ		P-00090	1	10	10
1/6W 抵抗	10kΩ	R-16103	4	1	4
1/6W 抵抗	1kΩ	R-16102	1	1	1
1/6W 抵抗	510Ω	R-16511	2	1	2
1/6W 抵抗	330Ω	R-16331	7	1	7
ボリューム	10kΩ　B 型	P-00246	1	40	40
〃	10kΩ　A 型	P-00242	1	40	40
タクトスイッチ		P-03650	1	10	10
DIP ロータリー SW	0〜F　負論理	P-02277	1	150	150
小型スピーカー	4〜8Ω	P-03285	1	100	100
ユニバーサル両面基板	47mm × 36mm	P-12171	1	40	40
				合計金額	781 円

5.5　「自動演奏」のためのデータの生成 📖巻末プログラム

　音程を作り出す理論は意外と簡単なので、単音を鳴らすだけのプログラムであれば、難しくありません。

　しかし、それを曲の一部として使うなら、もう1つ考える必要があるのが、「音長」です。

　曲の中に登場するのは、「音符」で、それぞれ「四分音符」や「八分音符」などがあり、それぞれ「音長」が決められています。

　そして、この「音長」は、プログラムの中で工夫して決めていくことになるのです。

＊

ここでは、「音符」の集合体である「楽譜」の記述に対して、次のようなルールを決めて、楽譜をデータ化することにします。

① 音名のルール

「ドレミファソラシド」のどの音名を表わしているかは、「cdefgab」のアルファベットで記述します。

理由は、「半角文字」で表現できるからです。

半音の指定は、半角の「#」のみ使うことにして、「e#」と「b#」はそれぞれ「f」と「c」になるので、表現としては使わないことにします。

＊

また、「1オクターブ高い」音域を指定する場合はアルファベットの後に「+」（半角）を付け、「1オクターブ低い」音域を指定する場合は、アルファベットの後に「-」（半角）を付けます。

> ※ なお、音を出さない「休符」は、「r」で表わします。

② 音長のルール

「音長」で選べるのは「数値」全般で、ここでは各音符に対して、次のように決めます。

全分音符 → 96	2分音符 → 48
付点2分音符 → 72	4分音符 → 24
付点4分音符 → 36	8分音符 → 12
付点8分音符 → 18	16分音符 → 6
付点16分音符 → 9	32分音符 → 3

音符と数値の対応 ①

4分音符の三連符 → 16
8分音符の三連符 → 8
16分音符の三連符 → 4

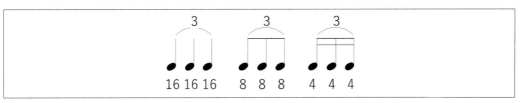

音符と数値の対応 ②

　これ以外の数値でも設定できますが、その音調は上記音符と数値との比例関係で演奏されます。

＊

　たとえば、次のような音符の場合は、「60」を指定すれば OK です。

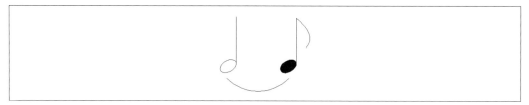

「60」を指定

① 楽譜をデータ化

　このルールに基づいて、一例として次のような楽譜（めだかの学校）をデータ化すると、このような「文字列」を定義することになります。

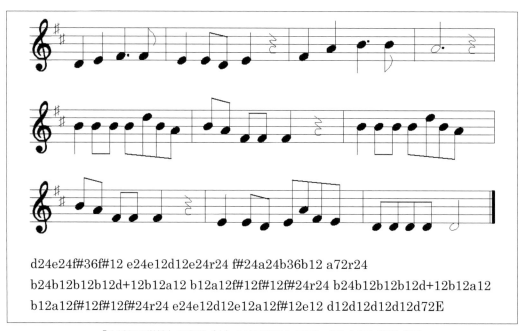

```
d24e24f#36f#12 e24e12d12e24r24 f#24a24b36b12 a72r24
b24b12b12b12d+12b12a12 b12a12f#12f#12f#24r24 b24b12b12b12d+12b12a12
b12a12f#12f#12f#24r24 e24e12d12e12a12f#12e12 d12d12d12d12d72E
```

「めだかの学校」の楽譜（上）と文字列としてデータ化された楽譜（下）

　なお、データの中に入れてある「スペース」は、「小節」の区切りですが、見やすくするために入れているものなので、入れなくてもデータの生成には影響しません。

　しかし、あとから「音符」をチェックすることを考慮すると、入れることをお勧めします。

■ エラー・チェック

このフォーマットにしたがって楽譜を入れていくわけですが、ルールに合わない「エラー・データ」があると当然正しく演奏されないので、曲データのチェックができるパソコン用のプログラムも作りました（**巻末に掲載**）。

まず、このプログラムに「曲データ」を定義、実行して、エラーがないか確認してください。

> ※ なお、「曲データ」は、適当に分割して、複数にして定義してください（そうしないと、右側に長くなって見にくくなるため）。

そして、最終的な曲データの終わりには、「E」を入れます。
この場合、「E」の前には「スペース」を入れずに入力してください。

これによって、曲データを何行に分割して入力されても正しくチェックされます。

プログラムで、とりあえず分割された曲のデータ行を9行まで許容するように、配列「kyoku[10][9][96]」の2番目の要素数を「9」に設定していますが、もっと多くなる場合はこの「9」を増やしてください。

*

パソコンの場合はかなりの数まで増やしても問題ないと思いますが、マイコンに書き込むときには、入れる曲数にもよりますが、メモリの制約上ある程度で制限されます。

このパソコンプログラムを起動すると、チェックする曲の番号（1番～）を聞いてくるので、数字で入力します。
そうすると、「音符の数」や「エラー個数」が表示され、続いて「音長」と「周波数」のデータが表示されます。

ここで、「エラー個数」が「0」になるように、入力した「曲データ」をチェックしてください。

エラーがある場合は、「エラー・データ」のある「行」と「列」の数字が表示されるので、チェックしてください。

ただし、ここで表示される「エラー個数」は、「音程」や「音長」のミスは含みません。
また、エラーがゼロでも完全に間違いのないデータであることを保証するものではありません。

演奏された曲を聞いて、おかしいところがあれば修正してください。

```
C:¥Program Files (x86)¥Borland¥CBuilder5¥Projects¥自動演奏¥music.exe
何ブロック目の曲のデータをチェックしますか？
数字(0～) で入力してください！

4
「 4 曲目 」のデータをチェックしました。

音符の数=60  エラー個数=0
onpu長： 24,ontei： 851  onpu長： 12,ontei： 851  onpu長： 12,ontei： 851  onpu長： 12,ontei： 851
onpu長： 12,ontei： 758  onpu長： 12,ontei： 956  onpu長： 12,ontei：1136  onpu長： 18,ontei：1276
onpu長：  6,ontei：1276  onpu長： 12,ontei：1136  onpu長： 12,ontei：1012  onpu長： 24,ontei：1136
onpu長： 24,ontei：   0  onpu長： 24,ontei：1136  onpu長： 12,ontei： 851  onpu長： 12,ontei： 851
onpu長： 12,ontei： 956  onpu長： 12,ontei：1012  onpu長： 12,ontei：1136  onpu長： 12,ontei：1276
onpu長： 18,ontei：1703  onpu長：  6,ontei：1703  onpu長： 12,ontei：1517  onpu長： 12,ontei：1136
onpu長： 24,ontei：1276  onpu長： 24,ontei：   0  onpu長： 12,ontei：1703  onpu長： 12,ontei：1703
onpu長：  6,ontei：1276  onpu長：  6,ontei：1276  onpu長： 12,ontei：1276  onpu長： 12,ontei：1012
onpu長：  6,ontei：1012  onpu長：  6,ontei：1012  onpu長： 12,ontei： 851  onpu長： 12,ontei：   0
onpu長： 12,ontei：1012  onpu長： 12,ontei：1012  onpu長：  6,ontei：1276  onpu長：  6,ontei：1276
onpu長： 12,ontei：1276  onpu長： 12,ontei：1012  onpu長：  6,ontei：1276  onpu長：  6,ontei：1276
onpu長： 12,ontei：1703  onpu長： 12,ontei：   0  onpu長： 18,ontei： 851  onpu長：  6,ontei： 851
onpu長： 12,ontei： 851  onpu長： 12,ontei： 851  onpu長： 12,ontei： 851  onpu長： 12,ontei： 758
onpu長： 12,ontei： 956  onpu長： 12,ontei：1136  onpu長： 18,ontei：1276  onpu長：  6,ontei：1136
onpu長： 12,ontei：1012  onpu長： 12,ontei：1136  onpu長： 24,ontei：1276  onpu長： 24,ontei：   0
```

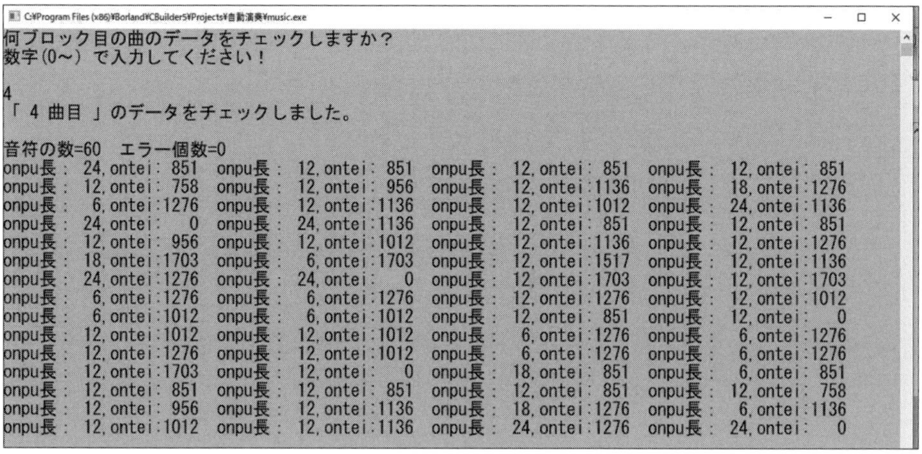

データのチェック画面

＊

曲のデータは、マイコンのプログラムにおいては、プログラム動作中に変更されることはないので、「const 指定」をすることによって、プログラムと同じ「ROM 領域」に格納されます。

これによって、たくさんの曲データを入れることができるのです。

そして、プログラムではこのデータを元に、「自動演奏」に必要な「音程」と「音長」のデータを生成し「RAM 領域」に書き出します。

もし、ルールに反する記述があると、**「エラー・ランプ」**（LED 赤）が点灯します。

エラーがなければ、LED は緑に点灯し、演奏が行われます。

「エラー・データ」があった場合は、LED は赤色に点灯しますが、演奏は行なわれます。

しかし、当然、正しい演奏にはなりません。

実際の演奏時には、「RAM 領域」に展開された「曲データ」（音長、音程）を読み出して演奏されます。

5.6 「自動演奏」を行なうためのプログラム 巻末プログラム

巻末に、マイコン用の「CCS-C コンパイラ」用のプログラムを掲載しています。

＊

演奏したい曲のデータは、前述したルールにしたがって、「kyoku[10][10][128]」に文字列で定義します。

この「3 次元データ配列」の添え字は、最初の「10」は、データを 10 曲定義していることを意味し、次の「10」は 1 曲のデータを最大 10 行に分けて定義していることを意味します。

もちろんこの値は曲によって異なるため、「最大値」を入れます。（サンプルデータでは、「エコセーズ」が最大の 10 行なので「10」にしている）

最後の「128」は、曲データの 1 行の文字列の最大値を入れます。

この値を「とりあえず余裕をもって 256 にしておこう」などとすると、曲データを定義していなくても、無駄にメモリを消費するので、「96」や「128」ぐらいにするのが無難でしょう。

このようにプログラムでは、「楽譜データ」の文字列が長くなるのを避けるために、「曲データ」を適当に分割して「3 次元配列」に定義する方法をとっています。

＊

「サンプル・プログラム」では、「10」を定義しましたが、「DIP ロータリー SW」で選択できるのは最大「16」なので、「16 曲」まで入れることができます。

また、「16 曲」は、あくまでも「DIP ロータリー SW の最大」からもってきた値なので、スイッチを追加して、16 曲以上選択できるようにすることも可能です。

「PIC18F26K22」は、「プログラム・エリア」（ROM 領域）がかなり大きいので、曲の長さにもよりますが、曲数もそれなりにたくさん格納できると思います。

実際の「音符」の長さは、「音長」のデータと「for」などのループを使っても処理できそうですが、「音程」によって「ループ内 処理時間」が異なってくるため、そのような処理ではうまくいきません。

そのため「音長のデータ」と、「割り込みのカウンター」を使って設定しています。

5.7　自分の好みの曲でデータ作成

ここではプログラム中にサンプル曲を 10 曲入れましたが、どの曲も古いクラシカルな曲ばかりです。

もっと、最近の曲を入れたかったのですが、「著作権」の問題で入れられませんでした。

個人で楽しむぶんには、どんな曲を入れてもかまいませんので、みなさんの好みの曲で自由にデータ作成してもらえば OK です。

どんな原理で音が出ているかは、すべてプログラムで表現されているので、プログラムを改変すれば、たとえば、「スタッカート表現」ができるようにしたり、データの「重複入力」を避けるように「リピート機能」を付けたり、「テンポ設定」（途中でテンポを変える）をしたりすることも可能になります。

5.8 ケースを作る

　ここでは、スピーカーを使うので、どんなものでもよいので、しっかりケースを作ることをお勧めします。

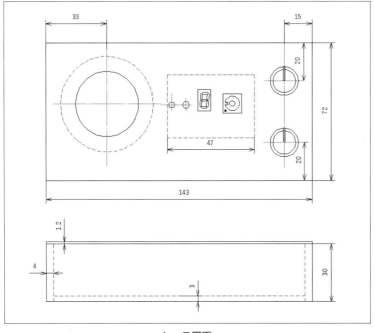

ケース図面

　スピーカーはケースに入れるだけで、「裸」で鳴らすよりも格段にいい音が出ます。

ケースに入れて完成

5.9　使い方

[手順]

[1] 電源を入れると、「DIP ロータリー SW」で選択されている数字が「7 セグ LED」に表示されます。

[2]「曲スタート」ボタンを押すと演奏が始まります。

「テンポ VR」は曲の演奏中でも変更できますが、「DIP ロータリー SW」は曲の演奏中は変更しても反映されず、曲が終了した時点で反映されます。

[3] 曲を途中で止めたいときは、「スタートボタン」をもう一度押します。

＊

本章のプログラムでは、「単音」のみの「自動演奏」でしたが、「和音」も表現できるようにして、「メロディー」と「伴奏」もできるようにしたくなります。

1 つの「CPU」でどこまでできるかはやってみないと分かりませんが、けっこう大変でしょう。

「和音」や「音の波形」も自由に選びたい場合は、やはり市販の「音楽用 LSI」の力を借りるのが早いかもしれません。

第6章 PICの自動演奏で和音を出す

YAMAHA 音源 LSI「YMZ294」を使った3和音自動演奏

前章で、PICのみを使った「単音」で、「音楽自動演奏」の基礎を学びました。

ここでは、「和音」を出せるように YAMAHA の「SSG 音源 LSI」を使った自動演奏を試してみましょう。

6.1　YAMAHA　YMZ294 音源 LSI

20 年も前の古い LSI ですが、「温故知新」で基礎を学ぶにはよいものです。

YAMAHA「YMZ294」

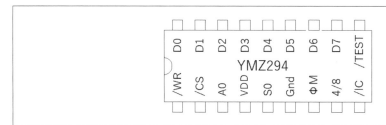

YMZ294 ピン配置

　製作費は 1300 円程度と格安ですが、演奏中にテンポも変えられる「オリジナル 3 和音電子オルゴール」が作れます。

*

　まずは「部品表」や「回路図」を示し、「3 和音」で音楽を演奏させるためにはどうすればいいかまでを解説します。

*

　YAMAHA の音源 LSI「YMZ294」は、秋月電子でも、なんと 18 年も前の 2002 年か
ら販売されている（現在の価格は 300 円）かなりレトロな「音源 LSI」です。

　今となっては、「3 和音＋1 ノイズ」のみのスペックは、お世辞にも「すごい！」とは
言えないものです。
　しかし、前章作った単音しか出せない「PIC 単体」のものからすれば、「かなりすごい！」
と言えるのです。
　逆に、「低レベル」なものは基本を学びやすいというメリットがあります。

　「3 和音＋1 ノイズ」を LSI 内部でミキシングして、LSI の「1 ポート」（5 番ピン）か
ら出力する仕様になっています。

　ただし、その他の「音程の設定」「波形」「エンベローブ」の設定などは、「11 〜 18 番ピン」
の 8 ポートを使って「パラレル信号」で設定します。
　「シリアル」が主流の昨今とは、この点でも異なっており、時代を感じるところです。

　しかし、ポートこそたくさん使いますが、パラレルでの設定は、ソフト的には分かりや
すいです。
　前章で作った「PIC 単独・単音」のプログラムのときと同様、「音程」の周波数は、
マイコン側から同様のデータ設定をしますし、「音長」のデータもほぼ同様に設定して、
「割り込み処理」で処理します。

> ※「YMZ294」の詳しい資料は、秋月電子の HP から入手できるので、参考にしてくだ
> さい。

6.2　回路図

前章の「PIC 単独・単音」自動演奏の回路と多くのところは共通しています。

＊

「CPU」には、前章と同じく「PIC18F26K22」を使います。
この CPU は「RAM 容量」が大きい（約「3.6kbyte」）です。

　前章は単音のデータだったため、かなり長めの曲も入れることができましたが、ここで
は 3 チャンネルで使う配列が「3 倍」必要になり、単純に、入れられる曲の長さは 1/3 に
なります。
　ただし、「ROM 領域」に定義できる曲数はかなり余裕があります。

　また、前章で使った、曲を選ぶための「DIP ロータリー SW」は、「I/O ポート」の数
が足りずに、付けることができませんでした。
　そのため「タクト・スイッチ」に置き換えています。

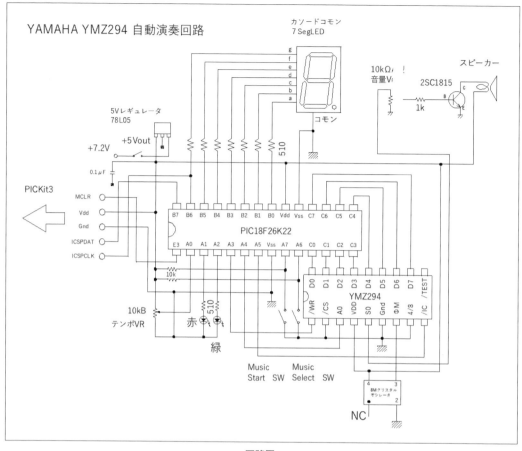

回路図

「DIP ロータリー SW」より使い勝手は低下しますが、「7 セグ LED」の表示によって、選択されている「曲番号」は分かるので、問題はないでしょう。

完成した基板

「YMZ294」による自動演奏　主なパーツ表
（秋月電子：オーディオ・オペアンプ部分は含まず）

部品名	型番	秋月通販コード	必要数	単価	金額
PIC マイコン	PIC18F26K22	I-05398	1	290	290
NPN トランジスタ	2SC1815	I-06477	1	5	5
28PIN 丸ピン IC ソケット		P-01339	1	70	70
音源 LSI	YMZ294	I-12141	1	300	300
8MHz クリスタル・オシレータ	TOYOCOM 製	P-01566	1	100	100
5V レギュレータ	TA78L05 など（TA48M05）	I-08973	1	20	20
2色 LED（カソードコモン）	OSRGHC3132A など	I-06313	1	15	15
7 セグメント LED（カソードコモン）	OSL10321-LR など	I-12286	1	50	50
0.1μF 積層セラミックコンデンサ		P-00090	1	10	10
1/6W 抵抗	10kΩ	R-16103	2	1	2
1/6W 抵抗	1kΩ	R-16102	1	1	1
1/6W 抵抗	510Ω	R-16511	9	1	9
ボリューム	10kΩ　B 型	P-00246	1	40	40
〃	10kΩ　A 型	P-00242	1	40	40
カラーつまみ	色はお好みで	P-06083	2	40	80
タクト・スイッチ		P-03650	2	10	20
小型スピーカー	4～8Ω	P-03285	1	100	100
パワーグリッド両面基板	47mm × 72mm	P-07214	1	140	140
				合計金額	1,292 円

*

　珍しい部品としては、「YMZ294」の「メイン・クロック」として、外部に「8MHz」（または「4MHz」）の「クリスタル・オシレータ」を付ける必要があります。

　一般的な 2 本端子のクリスタルとの違いは、「電源端子」があり、電源をつなぐだけで、「クロック信号」が出力されることです。

8MHz「クリスタル・オシレータ」

　現在では、「チップタイプ」で極小サイズになっているものが主流ですが、基板への実装のしやすさと、価格が安い（100円）ので、TOYOCOM製の「8MHz」のものを使いました（「4MHz」がなかったため）。

　「YMZ294」の音出力はかなり小さいため、前章のようにトランジスタ1個では音量が足りないこともあります。

　そのため、ある程度の音量で出力したい場合は、「YMZ294」の出力に「NJM386」を使ったアンプを取り付けることをお勧めします。

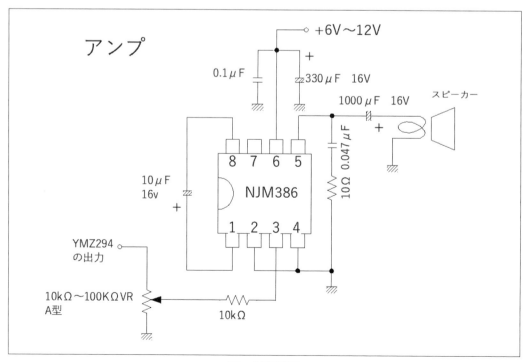

アンプの回路図

6.3 「3和音」で楽曲を演奏するための考え方

「YMZ294」は、かつてファミコンなどの音を出すために使われた音源部品と同様のものです。

ゲームの中では、音楽はもちろんですが、「効果音」なども重要で、いずれにしても、目的の音を出すためには、それを構成するためのプログラムがとても重要になります。

ここでは、効果音というよりは、楽譜を入力して楽曲を「自動演奏」することに主眼を置いているので、異なる最大3つの音を楽譜から、いかに楽に入力して演奏できるかがポイントになります。

これが、単音のときとは異なり、意外に難しいのです。

3つの音がすべて「同じリズム」（同じ音長）であれば、それほど難しくはありませんが、そのような曲は、ごく一部です。

楽譜から「異なるリズム」の3つの音をなるべく簡単に入力できるように、工夫しなくてはいけません。

ここでは、「ch0」「ch1」「ch2」のそれぞれのチャンネルごとに、独立した音符を楽譜どおりに入れていけるようにしています。

そして、チャンネルごとに独立した3つの「タイマー割り込み」を使って処理するようにしています。

この辺りは、「マイコン・プログラム」の基礎を学ぶには、最適な題材です。

6.4 楽譜データの入力

楽譜データの入力についてのルールは、前章の「単音自動演奏」のときとほぼ同じですが、以下の点で変更があります。

(1) 音域を「5オクターブ」まで利用可能に。
(2) 「3和音」を出せるように楽譜入力のルールを変更。
(3) 音長が前の音符と同じ場合は、記述を省略できるようにした。

■ 使用可能な音域

ここでは、「5オクターブ」までの利用が可能です。

音域については、次の図のとおりです。

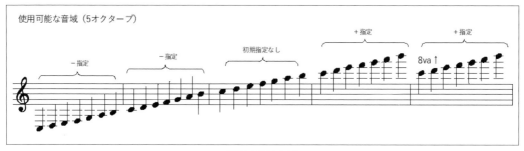

利用できる音域

「＋」「－」のいずれも指定しない最初の状態では、「初期指定なし」の音域の音符になります。

そして、たとえば「＋」指定をすると、次の音域の音符になり、以降その音域が続くことになるので、毎回「＋」指定や「－」指定をする必要がなくなりました。

「＋」や「－」の指定は、音域が変わるときにだけ指定することで、相対的にその上や下の音域の音符になるということです。

なお、「音域指定」と「音長指定」で間違いやすいのが次の点なので、注意してください。

○	c+24 ← 正しい入力
×	c24+ ← 誤り

■「3和音」を出すための入力ルール

前々回は、単音を出せればよかったので、特に難しいルールはありませんでした。

ここでは、異なる音を同時に「3つ」、さらに、「異なるリズム」での発音も可能にしています。

＊

ルールの基本は簡単で、異なる3つの音符ごとにデータを入れればOKです。

実際の楽譜（鉄道唱歌）で説明します。

鉄道唱歌の楽譜

この楽譜の「ch0」が、プログラム中のデータ定義の「//ch0」の部分です。
以下同様に「ch2」の楽譜の定義が、「//ch2」部分です。

```
{{"c+18c6c18d6 e18e6e18d6 c18c6c18a-6 g36r12 a18a6g18a6 c+18c6e18e6 d18d6c18d6
e36r12",//ch0 1: 鉄道唱歌
 "g18g6g18g6 g18g6a18g6 e18c6d18e6 d36r12 c18d6e18e6 d18d6g18g6 e18e6d18d6c24rE"},
{"c24g cg cg cg cg cgb-g+c18g-6c+18d6 e24c+ e-c+",//ch1
 "cd b18f6e18d6 r24g rb- c+b- e+rE"},
{"r24e re re re re re rd r48 r24g rg af# g18r30",//ch2
 "r24e- rd eggrE"}},
```

　このように、配列の各要素に、「ch0 ～ ch2」の各楽譜のデータを独立して定義していきます。

■「音長データ」の省略

　これまでのルールでは、たとえば「8分音符」が4回続く場合でも、「a12b12g12f12」のようにそのたびに同じ数字を入力する必要がありました。

　本章からは、これを「a12bgf」と入力できます。

　「音長数値」の入力を省略した場合は、「直前の音長の値」が採用されるということです。

　そのため、音長が変わったときだけ数値を入力すれば OK です。

　これによって、入力もしやすくなり、楽譜定義の文字列の長さも短くできるようになりました。

　また、曲データの終わりに入れる「ターミネータ E」は、必ずすべてのチャンネルに入れてください。

＊

　なお、曲のチャンネルごとに入れる音符の状況にもよりますが、各チャンネルで極端に音符の数が異なる場合、チャンネルごとの「割り込みタイミング」が微妙にズレることで、チャンネルごとの「シーケンス」も微妙にズレることがあります。

　このような場合は、音符の数の少ないチャンネルに、「r2」などの**「休符」**を適当な小節（4小節～8小節）ごとに追加して調整してください。

6.5 自動演奏プログラム 📖巻末プログラム

　これらの「楽譜データ」は、実際のプログラムでは、「const 指定」をして、ROM 領域に定義します。

■ メモリ限界

　「PIC18F64K22」では、このサイズが「32kB」あるので、メモリの許す限りで、複数の曲をたくさん定義できます。

　ただし、RAM 領域が「3.6kB」と少ないため、1 曲の長さはそれほど多くとれないので、注意してください。

　長めの曲（音符の数の多い曲）を入れたい場合は、RAM 容量が「8kB 〜 16kB」のものを選ぶ必要がありますが、そのような PIC の種類はあまり多くはありません。

■ 4次元配列

　プログラム中の配列は、複数の曲を定義できるように、「4 次元配列」になっています。

　最初の添え字は、曲の番号と同じです。

　2 番目の添え字は 3 和音まで表現できるので、その各チャンネルです。
　ですから、この値の「3」は、固定です。

　3 番目の添え字は、曲の音符を全曲分そのまま文字列定義すると、横に長くなって見づらくなるため、複数行に分割して定義できるようにしています。
　この値は、増やしてもかまいません。

　最後 4 番目の添え字は、文字列の長さそのものです。
　この値も長くしてかまいませんが、「4 次元配列」なので、実際に定義した曲の「データ文字列」の最大（おおむね「128」以下）にしておいたほうがよいでしょう。

　ただし、定義した文字列の最大値以下の設定ですと、当然プログラムが暴走して、正しい演奏にならないので、あまり小さく設定しないようにしましょう。

＊

　ここでは PIC の「メイン・クロック」を「64MHz」にしていますが、「16MHz」からは、なんとか動作可能です。
　ただ、「タイマー割り込み」を使っているので、曲によっては、「8MHz」だとテンポ VR を最速にしても、充分なテンポが得られないかもしれません。

定義した曲数によって、プログラム中の「n%=4」を変更する必要があるので、曲数を増やす場合は、それに応じて値も変更してください。

> ※ 巻末に「自動演奏プログラム」の全文を掲載しています。

6.6　ケースを作る

「回路基板」を入れるためのケースを作りましょう。

本章で作ったケースの図面を示します。

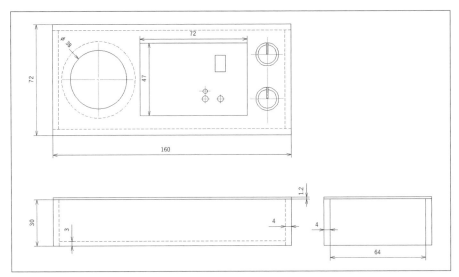

ケースの図面

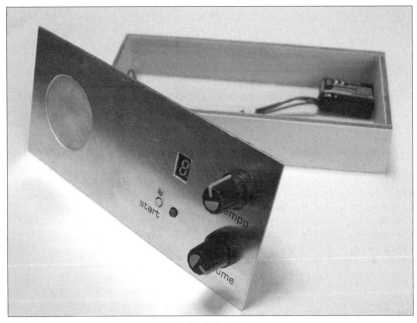

完成したケース

6.7 使い方

電源を入れると、7セグLEDの表示が「0」になります。

ここでは、「dipロータリーSW」の代わりに選曲用の「タクト・スイッチ」を押すことで、数字を増やしていって選曲します。

「曲スタートボタン」を押すと、定義されている曲が演奏されます。

「テンポVR」で、演奏中でもテンポを変えられますが、テンポを変えると、chごとの音がずれる場合があります。

その場合は、適当なテンポを設定したあと、もう一度スタートボタンを押すと曲が止まるので、再び、最初から曲をスタートさせてください。

6.8 長めの曲を入れるための工夫

前述したように、1曲の長さが長いもの（音符の数が多いもの）は、入れることが困難です。各チャンネルあたりの最大音符数は「420」程度です。

この数はそれなりに多いようにも思えますが、そうでもありません。
プログラム中にサンプルで入れた、2曲目の「ソナチネ」や5曲目の「トルコ行進曲」では、曲の途中までしか入れることができませんでした。

せめて、この曲を完奏できるくらいにはしたいものです。
その方法としては、次の2つが考えられます。

(1) RAM容量の多いPICを選ぶ（RAM容量8kB、または16kB）
(2) 曲のデータをあらかじめパソコンで変換して、PICのROM領域に書き込む

■（1）RAM容量の多いPICを選ぶ

（1）の方法は、簡単なように思えますが、私が調べたところでは、秋月電子で500円以下で入手可能な「8kB」または、「16kB」のRAMをもつチップは次のようなものくらいでした（いずれも3.3V電源）。

PIC24FJ64GA002（330円、RAM:8K）

PIC24FJ128GA006（360円、RAM:8k）

dsPIC33FJ64GP802（480円、RAM:16K）

　いずれも、「24系」や「ds系」のPICで、電源電圧が3.3Vであるため、**「YMZ294」**との接続にも工夫が必要かもしれません。

　このチップ用の「CCS-Cコンパイラ」は、「16F系」のコンパイラとは別であるため、すでにもっている方は問題ありませんが、もっていない場合は、新たに購入するか「XCコンパイラ」などでプログラムを書き換えなくてはいけません。

　いずれも、簡単ではなさそうです。

■（2）曲のデータをあらかじめパソコンで変換して、PICのROM領域に書き込む

　（2）の方法は、パソコン用の「データ変換プログラム」を作らなくてはなりません。

　また、楽譜のデータを本章で示したように、そのままPICのソースコード上では記述できなくなります。

　しかし、ROM容量はRAM容量の10倍以上もあるので、容量不足の問題はすぐに解決します。

　もし、長めの曲を入れて演奏したい場合は、いずれかの方法で工夫してみてください。

完成した「自動演奏オルゴール」

第7章 知っているようで知らない「乾電池性能」の違い

各「タイプ」「サイズ」の電池で実験

ここでは、だれでも使ったことがある「乾電池」の「種類」や「サイズ」について、知っているようで知らない部分をいろいろと掘り下げて調べてみます。

7.1 乾電池の違い

　私たちが日常でよく使う「乾電池」（充電できない、使い切りタイプ）に、「単一電池」から「単四電池」（単五もあるがここでは取り上げない）があります。

　また、同じ「単一電池」でも、「アルカリ」と「マンガン」タイプの2種類があります。
　「単三電池」や「単四電池」のタイプでは、その他に「リチウム」タイプもありますが、ここでは、「アルカリ」と「マンガン」タイプに絞って見ていきます。
*
　これらの乾電池は、どのように使い分ければよいのでしょうか。
　もちろん、サイズについては、使う機器で決まってしまうので選択の余地はありませんが、自作ロボットを作る場合などでは、自由に決められます。

　選択は自由にできても、製作上、スペースの関係などから、「電圧が同じなんだから、単一の代わりに、単三でもいいじゃない」と単純に考えてしまうことも珍しくありません。
　本当にそれでよいのでしょうか。

7.2 電池の電圧

　さて、写真にあるような「乾電池」大きさはいろいろですが、いずれも「電圧」は、公称「1.5V」です。
　また、「アルカリ」「マンガン」いずれのタイプでも、基本的な電圧は同じです。

　そして、多くの人が知っている知識としては、電池のサイズが大きいものほど、「長持ちする」ということと、さらには、サイズが同じ場合は「マンガン」よりも「アルカリ」電池のほうが「長持ちする」ということです。
*
　もちろん、この知識は正しいのですが、では、「単二マンガン電池」と「単三アルカリ電池」では、「どちらが長持ちするか」と言われたら、「ん〜？どっちだろう」ということになりますね。
　「でも、そんな使い方しないでしょ」となりますが、最近では、「単三電池」を「単一電池」や「単二電池」として使えるようにする「アダプタ」なども売られています。

　私が電気量販店で見つけたのは、写真のような、「単三電池」を3本並列で入れて、「単一電池」として使えるようにするものでした。

　少ない電流容量の「単三電池」を「単一電池」の役割にするために、並列接続しているのは理解できますが、3本の電池電圧が完全に同じでないと、電圧の高い電池から、低い電池に電流が流れ込むので、使うときには注意が必要です。

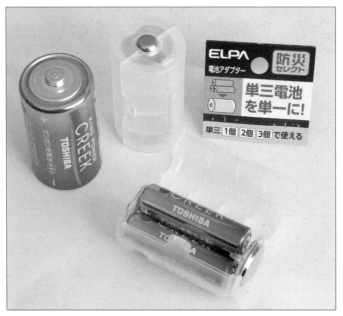

「単三電池」3本を並列で「単一電池」として使えるようにするアダプタ

■ 電池の「長持ち」とは

　では、素朴な疑問として、「電池が長持ちする」という意味は、どういうことなのでしょうか。

　それは、「機器に充分な電圧を与え続けられ時間が長い」ということになります。

　一般に「電池がなくなる」というのは、「電圧が徐々に低下することによって使用している機器に対して充分な電圧（電流）を与えられなくなる」ということです。

　したがって、「電池が長持ちする」とは、「必要な電圧値が長い時間下がらない」ということを意味します。

＊

　そこで、各「タイプ」「サイズ」の電池で実験をしてみることにしました。

　実験は簡単で、電池を消費する抵抗値の異なる2種類の「負荷」に電池をつないで、一定の電圧まで下がるのに要した時間を計測してみることにします。

■ 電池フォルダー

　この実験では、電池との接触部分が不完全とならないように、写真のような各サイズに対応可能な独自の「電池フォルダー」を作って実験することにします。

実験用に作った「電池フォルダー」

　通常の「電池フォルダー」では、比較的大きな電流を連続して流す場合（たとえば「1A以上」）には、充分とは言えないものが多いためです。

　秋月電子では、過去に、写真にあるような大電流に対応できる「単三用電池フォルダー」の扱いがありましたが、現在は扱っていません。

大電流対応「電池フォルダー」例

　したがって、市販のどの「電池ケース」を使っても、「大電流」（おおむね「500mA 以上」）を安定的に確実に流すことには、不向きです。

　実際には、大電流を流す用途では、「乾電池」を使わずに「充電式」で、電池ケースを必要としない（コネクタで直接接続）ものを使うことが多いです。

7.3　実験で使う電池の種類

実験に使ったマンガン、アルカリ電池

　本章で、実験に用いる電池は、東芝の「アルカリ」「マンガン」それぞれの、「単一〜単四」までの全部で8種類です。

　もちろん、同じ「タイプ」「サイズ」でも電池メーカーの違いや製造からの経過時間による差も多少あるとは思います。

　そこまでやるとさらに種類が増えますし、電池メーカーの評価にもなりかねないので、本章で使うメーカーは「東芝」に決め、実験の直前に家電量販店で購入しました。

　「メーカーの違い」ではなく、あくまでも、電池の「タイプ」と「サイズ」だけで見てもらえればと思います。

■ 各電池の初期値

最初に、購入したばかりの未使用電池の無負荷電圧を次に示します。

タイプ	無負荷・初期電圧（V）			
	単一	単二	単三	単四
アルカリ	1.63	1.63	1.64	1.64
マンガン	1.68	1.68	1.68	1.68

どれも、公称「1.5V」の場合、「1.6V」以上あることが分かります。

また、アルカリ電池よりも、若干ですがマンガン電池の方が初期電圧は高いことが分かります。

参考までに、各電池の重さも計測し、最も使われていると思われるアルカリ「単三電池」を「1」としたときの重量比率も求めておきます。

タイプ	重量（g）				比率			
	単一	単二	単三	単四	単一	単二	単三	単四
アルカリ	133	65	23	11	5.8	2.8	1	0.5
マンガン	101	50	17.30	8.50	4.39	2.17	0.75	0.37

7.4 使用する２種類の負荷

本章で、電池を消耗させる負荷として、抵抗値の異なる２種類の巻き線抵抗（自作コイル）を用意しました。

ダイソーで売っているミシン用のボビンに「ϕ 0.26mm」「ϕ 0.45mm」のポリウレタン線を手で巻いて、それぞれ、① 8.5Ω、② 1.3Ωにしたものです。

負荷として使用したコイル

単純に 1.5V 電圧の電池では、① 8.5Ω をつないだ場合に流れる電流は、「I ＝ 1.5 / 8.5 ＝ 0.176A」、② 1.3Ω では、「I ＝ 1.5 / 1.3」で「1.15A」となります。

実験の条件を同じにするために①、②の負荷をつなぐときは、すべて新品の電池に交換して行ないます（発熱で抵抗値が下がるため）。

7.5	**一定電圧に降下するまでの時間**

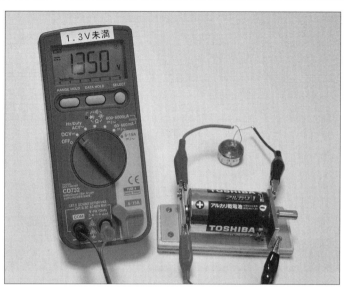

測定の様子

　これらの負荷を接続して、「8.5Ω」のコイルをつないだときは電圧が「1.45V」を下回ったときの時間を、「1.3Ω」のコイルをつないだときは電圧が「1.3V」を下回ったときの時間計測します。

　なぜ「8.5Ω」のときと「1.3Ω」のときで計測終了の電圧を変えたかと言うと、「8.5Ω」のときに 1.3V まで計測を行なうとかなり長時間になるためで、逆に 1.3Ω のコイルをつないだときは、電流が多く流れることによる初期電圧降下があるためです（1.45V にすぐに到達してしまう）。

　また、「1.3Ω」のコイルはかなり発熱しますので、計測が終了して他の電池の計測を行なうときは、コイルが充分に冷えてから行なっています。

■ 初期電圧

なお、参考までに、①、②の負荷をつないだ瞬間の初期電圧も記載します。

負荷 ① 8.5Ω 約170mA	負荷をつないだ時点の電圧（V）				負荷 ② 1.3Ω 約1160mA	負荷をつないだ時点の電圧（V）			
タイプ	単一	単二	単三	単四	タイプ	単一	単二	単三	単四
アルカリ	1.58	1.57	1.57	1.59	アルカリ	1.47	1.42	1.42	1.41
マンガン	1.57	1.57	1.56	1.49	マンガン	1.28	1.23	1.17	1.08

負荷① 8.5Ω	1.45V 未満になるまでの時間（秒）				比 率			
タイプ	単一	単二	単三	単四	単一	単二	単三	単四
アルカリ	12452 (207.5分)	5130 (85.5分)	1488 (28.8分)	745 (12.5分)	8.37	3.45	1.00	0.50
マンガン	4740 (79分)	1685 (28分)	340 (5.7分)	47 (0.78分)	3.19	1.13	0.23	0.03

負荷② 1.3Ω	1.3V 未満になるまでの時間（秒）				比 率			
タイプ	単一	単二	単三	単四	単一	単二	単三	単四
アルカリ	1681 (28分)	386 (6.5分)	126 (2分)	52	13.30	3.00	1.00	0.41
マンガン	0	0	0	0	-	-	-	-

7.6 実験結果から分かること

■「マンガン電池」の急激な電圧降下

　まず、分かったことの1つとして、「8.5Ω」（約170mAを流す）のコイルをつないだ時点の初期電圧ですが、「アルカリ」「マンガン」、そして「単一～単四」まで、それほど大きくは変わらず、「1.5V」を少し上回る電圧です。

　それに対して、「1.3Ω」（約1150mAを流す）のコイルをつないだときは、なんと、「マンガン」タイプでは、「単一～単四」のすべての電池で、終点電圧に設定した「1.3V」を下回ってしまっているということです。

　電流が1Aを少し超えるような負荷では、「マンガン電池」では急激な電圧降下が起きてしまい、たとえ新品の電池であっても使う機器によっては充分に機能を果たせない可能性があるということです。

　これが、一般的に言われている、「大電流の機器には、アルカリ電池を使え！」という所以なのです。

　このことは、単に「マンガン乾電池は、アルカリ電池よりも持ちがよくないけど、マンガン電池のほうが安いからいいや」とは単純には言えないということです。

　しかし、消費電力が少ない、例えば数mA程度（あるいはそれ以下）しか流れないような「目覚まし時計」「体重計」「キッチンタイマー」などの用途では「マンガン電池」でも充分長く使えます。

*

　ちょっと話は逸れるかもしれませんが、市販のワインや家庭用カレーのルーには、「辛さ指標」のようなものが瓶や箱に記載してあります。

　これを見ると、「辛口ワイン」、「辛口カレー」かそうでないかがある程度判断でき、購入の目安になります。

　電池を使う機器にも、そのような指標（大電流型か小電流型か）があってもよいかもしれません。

■「アルカリ電池」の場合

　次に、「アルカリ電池」に関して、サイズの違いによる持続時間については、負荷の軽い「8.5Ω」で見てみると、多少測定条件に違いはあります。

　ですが、基準にした「単三電池」に対して「単一電池」は「8.37倍」なのに対して、「1.3Ω」で大電流を流した場合には、「13.3倍」もの持続時間があることが分かります。

　このことは、たとえば、灯油ポンプのモータに比較的大電流を流すような用途では、圧倒的に「単一電池を使ったほうがお得だ」ということです。

　つまり、「単三電池」を「単一電池」として使えるようにするアダプタを使うことは一時的にはOKでもそれを使い続けると経済的には損失であるということになります。

　当然、パワーが早々になくなりモータの回転が遅くなるので、灯油の給油時間も長くなってしまいます。

■ 結論

　この実験からは、「1A」程度の大電流が流れるような機器でお得に使えるのは、「単一電池」だけとも言えます。

　石油ポンプやガスレンジ点火用の単一電池仕様は意味のあることなのです。

*

　乾電池を使うときは、その使う機器に流れる電流値がどれぐらいなのかを充分知って使うことが重要です。

　何Aからが「大電流」かという明確な定義はありませんが、「100mA」以上流れるような機器であれば、アルカリ電池を使ったほうがいいでしょう。

第8章 電源不要の「デジタル乾電池チェッカー」

「電圧表示」と「8レベル表示」のある"高級機"を製作

　　最近、職場の「電池ゴミ箱」に捨ててある乾電池を見て、「みんなは、どれぐらいの電圧になったものを捨てているのだろう？」という素朴な疑問をもって、適当に選んで、調べてみました。

　　すると、なんと「1.5V」以上もある電池がゴロゴロ出てきました。

　　中には、「1.6V」以上もあり、使用推奨期限が2028年8月という、明らかな新品もあったり、何とも、反エコな状況に。

　　そこで、「電池チェッカー」を作って、エコに貢献しようと思いました。

　　製作費は900円程度と安価ですが、「電圧表示」と「8レベル表示」のある"高級機"を製作して皆さんの職場の電池ゴミ箱にも備え付けてはいかがでしょうか。

8.1　　　　　　　　　　　　電池チェッカー

　　無負荷の「電池電圧チェック」など、テスターを使えば、あっという間に分かります。

　　しかし、そのような方々はむしろ少数派で、電池の残量など気にせずに、「使用推奨期限切れ」だけで、捨ててしまう人も珍しくありません。

　　ただ、たかが電池の残量を調べるためにテスターを持ち出し、テスター棒を電池の両端に当てて計測するのも意外に面倒くさいことに気づきます。

　　やはり、専用の「電池チェッカー」があったほうがいいのだと気づきました。

■「アナログ式」と「デジタル式」

　　市販の「電池チェッカー」を調べてみると、いろいろと売っています。

　　チェッカー本体に電池が必要なものと、そうでない「アナログ・メータ式」のものなどがあります。

　　私の手元にある「アナログ式」のものは、メーターも小さくあまり見やすいものでもなく、チェックする電池の装填も、やりやすくありませんでした。

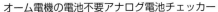

オーム電機の電池不要アナログ電池チェッカー

そこで、ここでは「デジタル式」で、「電池なし」で動作する画期的なものを開発しました。

これは、世の中ではあまり販売されていないと思います。

完成した電源レス電池チェッカー

8.2 デジタル式電池チェッカー

「アナログ・メータ」を用いた「電池チェッカー」でも、充分機能は果たしてくれますが、もっと分かりやすいものにしてみようと思います。

市販の「デジタル式」のものでも、製造コストを下げる意味もあってか、それほど凝ったものはありません。

液晶表示で細かく表示してくれるものなどもあるようですが、せいぜいLEDの色によって3段階程度で「電圧」の表示もないものがほとんどです。

おそらく「電圧」など表示しても一般の人にはよくわからないから、付けていないのだと思います。

しかし、乾電池が何Vぐらいなら、「まだ使える」とか、「使えない」とかの知識はもってもらうに越したことはありません。

8.3 「デジタル電圧表示」と「LEDバーグラフ」による電池チェッカー

ここでは、「デジタル電圧表示」に加えて、「8ポイントLED棒グラフ」も付けるという、市販品にはありえない「高級（?）電池チェッカー」にしてみたいと思います。

これを何回か使えば、あまり電気の知識のない人でも、だんだん「電池のあるなし」の電圧値も、分かってくるはずです。

*

「電圧表示」は、3桁で、小数以下2桁で表示し、「バーグラフ」は8段階で表示させます。

「バーグラフ」の表示には、通常のLEDの「ピンク1個」「青緑3個」「橙2個」「赤2個」を使います。

また、制御マイコンには「**PIC18F23K22**」(200円) を使います。

■ 回路用の電源

回路用の電源には、"チェックしようとする電池そのもの"を使います。

市販の「アナログ式」のものを除き、「デジタル式」のもののほとんどは、回路を動作させるための電池が別に必要です。

それは、当たり前のことと言えばそうなのですが、製品レビューには、「電池チェッカーなのに、別に電池が必要とは・・・」と、回路電源用の電池が必要なことに対する不満めいた書き込みもあります。

言われてみれば、その気持ちも分かります。

*

そこで、ここでは、チェックしようとする電池そのものを電源にすることにしました。

これは、かなり思い切った発想です。

しかし、「チェックしようとする電池がなくなっていたら、どうするのか？ 回路も動作しないのでは？」ということになりますが、そこは、発想の転換で、「そもそも回路を動作させることができないような電池は、残量なし！」と判定していいのだということです。

ここでは、そういった割り切りでいきたいと思います。

そのため、「電源スイッチ」もありません。

■ DC コンバータ

しかし、「1.5V」未満の、そこそこ「へたっている」電池で回路を動作させることなどできるのか、ということになりますが、「HT7733A」という1個50円のDCコンバータを使うことにします。

*

この部品は、なかなかの優れもので、電源電圧「0.8V」から、「3.3V」を作り出せる「昇圧型 DC/DC コンバータ」です。

「0.8V」というと、「1.5V」の電池としては、「残量なし！」と判断していいレベルなので「何とかこれでいける」と思いました。

実際に、「1V」以下まで電圧の落ちている「単三アルカリ電池」で試したところ、きちんと電圧を示して、LEDバーグラフも正しく点灯しました。

■ ダイナミック表示点灯

また、電池の電圧チェックには、ある程度負荷をかけて測定しないと、意味がないので、回路自体で消費され「20mA」程度の電流は、「そこそこの負荷をかけて測定する」ということで意味があります。

その場合、レベル表示用のLEDの個数によって消費電力が変わるのは好ましくないので、LEDは「ダイナミック表示点灯」を行なうことにして電力を節約します。

そのため、レベル表示用の8個のLEDには、個別の抵抗が付いておらずコモンにするアノードに「330Ω」の抵抗を1個入れているだけです。

なくなりかけの電池の低い電圧でも回路は動作する

つまり、極小時間においてLEDの点灯は1個だけということです。

高速スキャンによって、複数個が点灯しているように見せるだけです。

同時に複数個点灯するLEDはないため抵抗は1本でよいということになります。

LEDの点灯が「吸い込み」か「掃き出し」かは、どちらでもよいと思います。

ここでは、「7セグLED」が「アノード・コモン」なので、同様に「アノード・コモン」にしました。

8.4　「電源レス電池チェッカー」の回路図と部品表

前述したように、電源を不要として、測定しようとする電池そのものを電源にするために、「PIC」の回路が動作するために必要な「3.3V」の電源を、「昇圧タイプ」のDCコンバータ「HT7733A」を使って作ります。

この「DCコンバータ」を使った「昇圧回路」部分には、「100μH」の「パワー・インダクタ」を使います。

ですが、秋月で安価で、ある程度電流が流せる小型のものでは、「リード・タイプ」のものがなく、通販コード「P-14220」の「面実装タイプ」のものしか見当たりませんでした。

※ この部品は、「両面スルー・ホールタイプ」の基板で実装しますが、はんだ付けが難しいので注意してください。

なお、これよりかなり大きくはなりますが、「リード・タイプ」を使いたい場合は、「P-04807」（30円）でもかまいません。

バーグラフ用の「3mmLED」は、部品表に示したものでなくてもかまいません。

部品表に示したものは、「スモーク・タイプ」で高輝度であるため、「ダイナミック表示」を行なっても視認性に優れていて、きれいです。

電池電圧の測定は、PICのA/Dコンバータを使って10bitで読み出して、小数第二位まで表示させます。

「リード・タイプ」（左）、「面実装タイプ」（右）

*

回路図を示します。

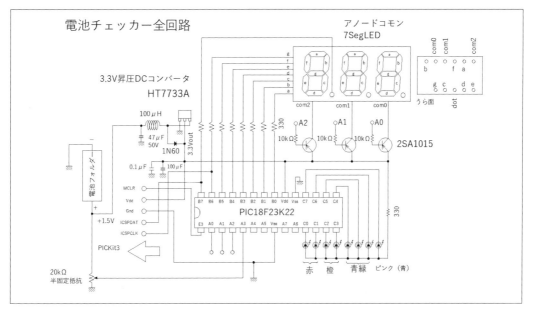

完成した回路基板　表（左）と　ウラ（右）

「電池チェッカー」の主な部品表（秋月電子）

部品名	型番	秋月通販コード	必要数	単価	金額
PIC マイコン	PIC18F26K22	I-04430	1	200	200
PNP トランジスタ	2SA1015 など	I-02612	3	10	30
3.3V 昇圧 DC コンバータ	HT7733A	I-02799	1	50	50
小型3桁7セグメント LED（赤）	アノード・コモン	I-09085	1	100	100
ピンク（青）色 LED Φ3mm	OSK5DK3131A	I-04226	1	20	20
青緑色 LED　Φ3mm	OSG3DA3164A	I-12719	3	20	60
橙色 LED　Φ3mm	OSY5HA3Z74A	I-11639	2	20	40
赤色 LED　Φ3mm	OSR5JA3Z74A	I-11577	2	10	20
28PIN IC ソケット		P-00013	1	20	20
電解コンデンサ	47μF-25V	P-10596	1	10	10
〃	100μF-25V	P-03122	1	10	10
インダクター	100μH	P-14220	1	30	30
ダイオード	1N60	I-07699	1	10	10
0.1μF 積層セラミック コンデンサ		P-00090	1	10	10
1/6W 抵抗	330Ω	R-16331	9	1	9
1/6W 抵抗	10kΩ	R-16103	3	1	3
半固定抵抗	20kΩ	P-03279	1	40	40
単三「電池フォルダー」		P-00308	1	30	30
単四「電池フォルダー」		P-02670	1	30	30
両面スルーホール基板	95mm × 72mm	P-03232	1	170	170
単一「電池フォルダー」※	秋月で取り扱いなし				
単二「電池フォルダー」※	〃				

				合計金額	892 円

※ 必要な場合は用意する

8.5 LEDバーの点灯レベルの目安

8個あるLEDの点灯の個数により、電池電圧の概要が分かります。

また、実際の電圧も3桁の「7セグメントLED」で示されます。

＊

なお、「電圧の表示」については、①測定する電池をセットして「電圧」を表示させ、②さらに、電池の電圧の両端を「デジタル・テスター」で測定して、③テスターと同じ表示になるように、「20kΩ」の「半固定抵抗」を回して調節します。

＊

前述したように、セットした電池によっては、テスターで無負荷測定し、「1.3V」など、ある程度の電圧を示していても、負荷（電池チェッカー回路そのもの）をかけたときには、「1V」未満まで電圧が降下して何も表示されないことがあります。

これは、明らかに電池に充分な電流を流す能力が残っていないものと判断できます。

電圧レベルLED表示の目安

電池電圧レベル	1V未満	1.0V ～ 1.19V	1.2V ～ 1.29V	1.30V ～ 1.39V	1.40V ～ 1.49V	1.50V ～ 1.54V	1.55V ～ 1.59V	1.6V以上
LED表示	赤色	赤色	橙色	橙色	黄緑	黄緑	黄緑	ピンク

8.6 制御プログラム 📖巻末プログラム

PICのプログラムを巻末に掲載しています。

＊

8つのLEDの「点灯条件電圧」は、表のとおりに設定しています。

・もし、LEDの表示の条件電圧を変更したい場合は、プログラム中の「多重if文」の設定を変えてください。

・「1.5V」の表現は、「150」というようにプログラムの中では、整数表記になっているので、その点を注意してください。

・計測できる電圧の最大は、「DC/DCコンバータ」出力電圧の「3.3V」程度（整数値で「330」）までと考えてください。

電池1個の電圧はリチウムタイプのものでも「1.7V」程度なので、事実上は問題ないと思います。

また、電池電圧の測定頻度は、割り込みを使って、調整できるようにしてあります。

測定頻度を上げると（if(count>8)の8の値を小さくする）、電圧表示がチラつきますので、「8」ぐらいが適当かと思います。

本章で製作した「電池チェッカー」（プロトタイプ）の大まかなケース図面を示します。

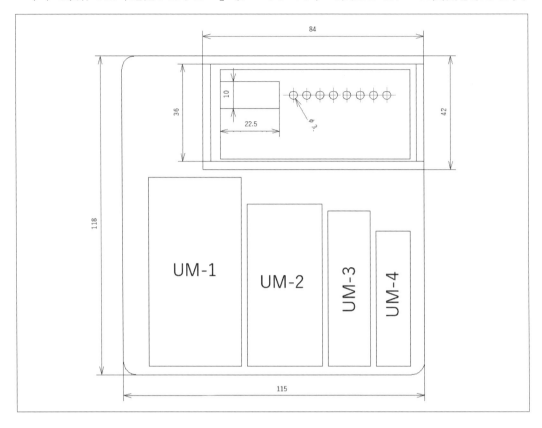

8.8 「専用プリント基板」で作る

最近は、小学生などの初心者を対象にした、「電子工作教室イベント」を開催するところが増えています。

そのイベントでどんな題材を選ぶかは、いろいろと悩ましいところです。

本章での「電池チェッカー」などは、家庭で使える実用的なものなので、工作イベントには持ってこいです。

＊

その場合は、やはり、専用のプリント基板が必要になります。

そのような利用の参考に「プリント基板」を作ってみました（外注）ので、参考にしてみてください。

※ 基板は、「両面スルーホール」になっているので、「ジャンパー線」はありません。

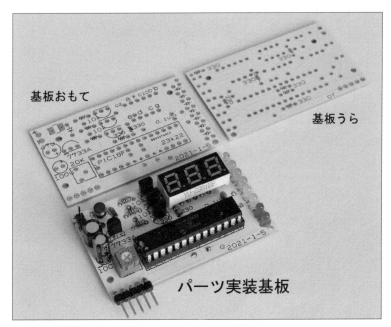

専用プリント基板で製作

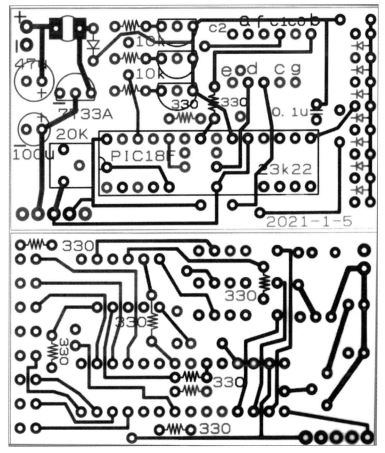

プリント基板版下

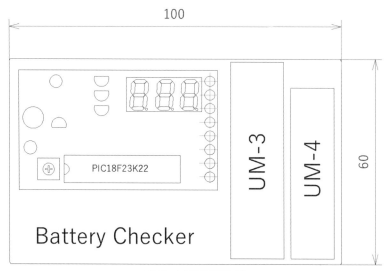

プリント基板用製作例

専用プリント基板を使用した作成例（完成品）

8.9　使い方

　使い方は、至って簡単で、チェックしたい電池を「電池フォルダー」にセットするだけです。

　必ず、チェックしたい電池を1本だけでセットしてください。

　「電池チェッカー」に流れる電流は、「20mA 〜 30mA」（電池の電圧が低いほど電流が流れる）程度ですが、電池を入れっぱなしにすれば、当然電池はいずれなくなってしまいます。測定を終えたらすみやかに外してください。

巻末附録

プログラムリスト

PIC
マイコン

第1章

[1.2]「PL9823-F8」基本点灯回路制御プログラム

```c
//-------------------------------------
// PIC18F13K22 RGB-LED  Test Prgram
// Test Programmed by Mintaro Kanda
//      PL9823-F8用
//    2019/12/14(Sat))   CCS-C用
//-------------------------------------
#include <18f13K22.h>
#fuses INTRC_IO,NOWDT,NOPROTECT,NOMCLR
#use delay (clock=64000000)
#use fast_io(a)
#use fast_io(c)
void bit(int data)
{
    int a=0x80;
    while(a!=0){
        if(data & a){
            output_high(PIN_C0);;
            delay_cycles(10);
            output_low(PIN_C0);;
            delay_cycles(3);
        }
        else{
            output_high(PIN_C0);;
            delay_cycles(3);
            output_low(PIN_C0);;
            delay_cycles(10);
        }
        a>>=1;
    }
}
void main()
   {
   set_tris_a(0x0);
   set_tris_c(0x0);// 全ポート出力設定

   setup_oscillator(OSC_64MHZ);
   setup_adc_ports(NO_ANALOGS);// 全ポートデジタル設定

   output_low(PIN_C0);
   delay_ms(10);
   while(1){
       // 色を順次変えていく
       bit(0x30);bit(0x0);bit(0x0);// 赤 R
           delay_ms(1000);
       bit(0x0);bit(0x40);bit(0x0);// 緑 G
           delay_ms(1000);
       bit(0x0);bit(0x0);bit(0x60);// 青 B
           delay_ms(1000);
       bit(0x40);bit(0x50);bit(0x0);// 黄色
           delay_ms(1000);
       bit(0x30);bit(0x0);bit(0x30);// 紫色
           delay_ms(1000);
       bit(0x0);bit(0x40);bit(0x40);// 水色
           delay_ms(1000);
       bit(0x40);bit(0x20);bit(0x0);// オレンジ
           delay_ms(1000);
       bit(0x30);bit(0x60);bit(0x60);// 白
           delay_ms(1000);
```

```
        bit(0x10);bit(0x10);bit(0x10);//  灰
            delay_ms(1000);
    }
}
```

[1.3] 「OST4ML8132A」基本点灯回路制御プログラム

```c
//----------------------------------
// PIC16F1503 RGB-LED Test Prgram
// Test Programmed by Mintaro Kanda
//  for OST4ML8132A
//   2019/12/14(Sat)  CCS-C 用
// データ転送ポート  C0 と C1
//----------------------------------
#include <16f1503.h>
#fuses INTRC_IO,NOWDT,NOPROTECT,NOMCLR
#use delay (clock=8000000)
#use fast_io(a)
#use fast_io(c)
void bit(int data)
{
    int a=0x80;
    int t=1;
    while(a!=0){
        if(data & a){
            output_c(3);
            delay_us(t);
            output_c(1);//1 or 2
            delay_us(t);
        }
        else{
            output_c(0);
            delay_us(t);
            output_c(1);//1 or 2
            delay_us(t);
        }
        a>>=1;
    }

}
void main()
  {
    long t=1000;// 点灯時間 1000m 秒という意味＝１秒
    set_tris_a(0x0);// 全ポート出力設定
    set_tris_c(0x0);// 全ポート出力設定

    setup_oscillator(OSC_8MHZ);
    setup_adc_ports(NO_ANALOGS);// 全ポートデジタル設定

    output_c(0);
    while(1){
        bit(0x0);bit(0x0);bit(0x30);// 赤 R
         delay_ms(t);
        bit(0x0);bit(0x40);bit(0x0);// 緑 G
         delay_ms(t);
        bit(0x50);bit(0x0);bit(0x0);// 青 B
         delay_ms(t);
        bit(0x0);bit(0x50);bit(0x50);// 黄色
         delay_ms(t);
        bit(0x30);bit(0x0);bit(0x30);// 紫色
         delay_ms(t);
        bit(0x40);bit(0x40);bit(0x0);// 水色
         delay_ms(t);
```

```
        bit(0x0);bit(0x20);bit(0x50);// オレンジ
          delay_ms(t);
        bit(0x50);bit(0x50);bit(0x40);//  白
          delay_ms(t);
        bit(0x10);bit(0x10);bit(0x10);//  灰
          delay_ms(t);
    }
}
```

[1.4] 「LED」の連結

```
//-------------------------------------------------
// PIC16F1503 RGB-LED 2 個連結点灯  Test Prgram
// Test Programmed by Mintaro Kanda
//   for OST4ML8132A
//   2019/12/14(Sat)   CCS-C 用
// データ転送ポート  C0 と C1
//-------------------------------------------------
#include <16f1503.h>
#fuses INTRC_IO,NOWDT,NOPROTECT,NOMCLR
#use delay (clock=8000000)
#use fast_io(a)
#use fast_io(c)
void bit(int data)
{
    int a=0x80;
    int t=1;
    while(a!=0){
        if(data & a){
            output_c(3);
            delay_us(t);
            output_c(1);//1 or 2
            delay_us(t);
        }
        else{
            output_c(0);
            delay_us(t);
            output_c(1);//1 or 2
            delay_us(t);
        }
        a>>=1;
    }

}
void color(int col)
{
    switch(col){
        case 1:bit(0x30);bit(0x0);bit(0x0);// 赤 R
                break;
        case 2:bit(0x0);bit(0x40);bit(0x0);// 緑 G
                break;
        case 3:bit(0x0);bit(0x0);bit(0x60);// 青 B
                break;
        case 4:bit(0x40);bit(0x50);bit(0x0);// 黄色
                break;
        case 5:bit(0x30);bit(0x0);bit(0x30);// 紫色
                break;
        case 6:bit(0x0);bit(0x40);bit(0x40);// 水色
                break;
        case 7:bit(0x40);bit(0x20);bit(0x0);// オレンジ
                break;
        case 8:bit(0x30);bit(0x60);bit(0x60);//  白
                break;
```

```
                case 9: bit(0x10);bit(0x10);bit(0x10);//  灰
    }
}
void main()
  {
  int col,j,k;
  long t=1000;
  set_tris_a(0x0);// 全ポート出力設定
  set_tris_c(0x0);// 全ポート出力設定

  setup_oscillator(OSC_8MHZ);
  setup_adc_ports(NO_ANALOGS);// 全ポートデジタル設定

  output_c(0);
  while(1){
    // 1個目のLED色データ
    for(k=0;k<9;k++){// 色を順次変えていく
      for(j=0;j<2;j++){//LEDを2個連結したから  2
       col = (j+k) % 9 + 1;
       color(col);
      }
      delay_ms(1000);
    }
  }
}
```

第2章

[2.6] キューブ回転による「面データ」の変化確認プログラム

```
//---------------------------------------------------------------------
// ルービックキューブの回転後の面データ変化  モニタープログラム (パソコン用)
// 2019-12-21(Sat)         Prg1
// Programed by Mintaro Kanda  for Borland C++用(どのC＋＋言語コンパイラでも大抵可)
//---------------------------------------------------------------------
#include <stdio.h>
#pragma argsused
void disp(int a[][3][3])
{
  for(int j=0;j<6;j++){
   for(int i=0;i<3;i++){
      printf("(%d,%d,%d)¥n",a[j][i][0],a[j][i][1],a[j][i][2]);
   }
   puts("");
  }
}
void rot(int kaiten,int kaisu,int a[][3])
  {  // 横回転ルーチン

  int she1[3][3],she2[3][3];
  int* pa,*pshe1;
  for(int k=0;k<kaisu;k++){

    for(int j=0;j<3;j++){
       for(int i=0;i<3;i++){
          // 左回転
            she1[i][2-j]=a[j][i];
          // 右回転
            she2[2-i][j]=a[j][i];
       }
```

```
      }
      // 回転して得られたデータを元配列にコピー
      pa=a[0];
      if(kaiten){
         pshel=shel1[0];
      }
      else{
         pshel=shel2[0];
      }
      for(int i=0;i<9;i++){
         *pa++ = *pshel++;
      }
   }
}
void main()
{
   char st[8];
   int n;// 面番号 (0～5)
   int data[6][3][3]={{{ 0, 1, 2},{ 3, 4, 5},{ 6, 7, 8}},
                      {{ 9,10,11},{12,13,14},{15,16,17}},
                      {{18,19,20},{21,22,23},{24,25,26}},
                      {{27,28,29},{30,31,32},{33,34,35}},
                      {{36,37,38},{39,40,41},{42,43,44}},
                      {{45,46,47},{48,49,50},{51,52,53}} };

   int i,in,shel[3];

   in = 18;//←ここの値を1～18の範囲で設定すると、その回転オペレーションの結果が表示される
   switch(in){
    case 1:
//- - - - - - - - - - - - - - - 横回転の変化 - - - - - - - - - - -
//--------------------- ①上 --------------------
// ① -1 上 右回転

      for(i=0;i<3;i++){
         shel[i] = data[0][0][i];
         data[0][0][i] = data[1][0][i];
         data[1][0][i] = data[2][0][i];
         data[2][0][i] = data[3][0][i];
         data[3][0][i] = shel[i];
      }
      //4- 面の変化
       n = 4;
      //upper 右回転 or lower 左回転　回数数1
      rot(1,1,data[n]);
      break;

      case 2:
      // ① -2 上 左回転
      for(i=0;i<3;i++){
         shel[i] = data[0][0][i];
         data[0][0][i] = data[3][0][i];
         data[3][0][i] = data[2][0][i];
         data[2][0][i] = data[1][0][i];
         data[1][0][i] = shel[i];
      }
      //4- 面の変化
       n = 4;
```

```
  //upper 左回転 or lower 右回転　回数数 1
rot(0,1,data[n]);
break;

case 3:
//------------------- ②中 -------------------
// ② -1 中 右回転
for(i=0;i<3;i++){
    shel[i] = data[0][1][i];
     data[0][1][i] = data[1][1][i];
     data[1][1][i] = data[2][1][i];
     data[2][1][i] = data[3][1][i];
     data[3][1][i] = shel[i];
}
break;

case 4:
// ② -2 中 左回転
for(i=0;i<3;i++){
    shel[i] = data[0][1][i];
     data[0][1][i] = data[3][1][i];
     data[3][1][i] = data[2][1][i];
     data[2][1][i] = data[1][1][i];
     data[1][1][i] = shel[i];
}
break;

case 5:
//-------------------------- ③下 ---------------
// ③ -1 下 右回転
 for(i=0;i<3;i++){
    shel[i] = data[0][2][i];
     data[0][2][i] = data[1][2][i];
     data[1][2][i] = data[2][2][i];
     data[2][2][i] = data[3][2][i];
     data[3][2][i] = shel[i];
}
//5- 面の変化
n = 5;
//upper 左回転 or lower 右回転　回数数 1
rot(0,1,data[n]);
break;

case 6:
// ③ -2 下 左回転
for(i=0;i<3;i++){
    shel[i] = data[0][2][i];
     data[0][2][i] = data[3][2][i];
     data[3][2][i] = data[2][2][i];
     data[2][2][i] = data[1][2][i];
     data[1][2][i] = shel[i];
}
//5- 面の変化
n = 5;
//upper 右回転 or lower 左回転　回数数 1
rot(1,1,data[n]);
break;

case 7:
//* * * * * * * * * * * * * 縦回転の変化 * * * * * * * * * * * * * * * *
```

```
//------------------------- ④左 -------------------------
// ④ -1左 向こう回転
for(i=0;i<3;i++){
    shel[i] = data[4][i][0];
     data[4][i][0] = data[0][i][0];
     data[0][i][0] = data[5][i][0];
     data[5][i][0] = data[2][2-i][2];
     data[2][2-i][2] = shel[i];
}
//3- 面の変化
 n = 3;
//upper 左回転 or lower 右回転　回数数1
 rot(0,1,data[n]);
break;

 case 8:
// ④ -2左 手前章転
for(i=0;i<3;i++){
    shel[i] = data[5][i][0];
    data[5][i][0] = data[0][i][0];
    data[0][i][0] = data[4][i][0];
    data[4][i][0] = data[2][2-i][2];
    data[2][2-i][2] = shel[i];
}
//3- 面の変化
n = 3;
//upper 右回転 or lower 左回転　回数数1
 rot(1,1,data[n]);
 break;

 case 9:
//------------------------- ⑤中 -------------------------
// ⑤ -1中 向こう回転
for(i=0;i<3;i++){
    shel[i] = data[4][i][1];
     data[4][i][1] = data[0][i][1];
     data[0][i][1] = data[5][i][1];
     data[5][i][1] = data[2][2-i][1];
     data[2][2-i][1] = shel[i];
}
break;

case 10:
// ⑤ -2中 手前章転
for(i=0;i<3;i++){
    shel[i] = data[5][i][1];
    data[5][i][1] = data[0][i][1];
    data[0][i][1] = data[4][i][1];
    data[4][i][1] = data[2][2-i][1];
    data[2][2-i][1] = shel[i];
}

break;

case 11:
//------------------------- ⑥右 -------------------------
// ⑥ -1右 向こう回転
for(i=0;i<3;i++){
    shel[i] = data[4][i][2];
     data[4][i][2] = data[0][i][2];
```

```
        data[0][i][2] = data[5][i][2];
        data[5][i][2] = data[2][2-i][0];
        data[2][2-i][0] = shel[i];
    }

//1- 面の変化
n = 1;
//upper 右回転 or lower 左回転　回数数1
  rot(1,1,data[n]);
  break;

  case 12:
//⑥-2右　手前章転
  for(i=0;i<3;i++){
      shel[i] = data[5][i][2];
      data[5][i][2] = data[0][i][2];
      data[0][i][2] = data[4][i][2];
      data[4][i][2] = data[2][2-i][0];
      data[2][2-i][0] = shel[i];
  }
//1- 面の変化
n = 1;
//upper 左回転 or lower 右回転　回数数1
  rot(0,1,data[n]);
break;

  case 13:
//+ + + + + + + + + + 手前面・中面・背面の回転変化 + + + + + + + + +
//---------------------------- ⑦手前面 ----------------------------
 // ⑦-1手前面　反時計回転
 n = 0;
 //0- 面の変化
 //upper 左回転 or lower 右回転　回数数1
 rot(0,1,data[n]);

  for(i=0;i<3;i++){
     shel[i] = data[4][2][i];
      data[4][2][i] = data[1][i][0];
      data[1][i][0] = data[5][0][2-i];
      data[5][0][2-i]=data[3][2-i][2];
      data[3][2-i][2] = shel[i];
  }
  break;

  case 14:
// ⑦-2手前面　時計回転
//0- 面の変化
n = 0;
//upper 右回転 or lower 左回転　回数数1
rot(1,1,data[n]);

  for(i=0;i<3;i++){
     shel[i] = data[1][i][0];
      data[1][i][0] = data[4][2][i];
      data[4][2][i] = data[3][2-i][2];
      data[3][2-i][2] = data[5][0][2-i];
      data[5][0][2-i] = shel[i];
  }
break;
```

```
  case 15:
//------------------------------⑧中面------------------------------
// ⑧-1中面 反時計回転
  for(i=0;i<3;i++){
    shel[i] = data[4][1][i];
    data[4][1][i] = data[1][i][1];
    data[1][i][1] = data[5][1][2-i];
    data[5][1][2-i]=data[3][2-i][1];
    data[3][2-i][1]  = shel[i];
  }
  break;

  case 16:
  // ⑧-2中面 時計回転
  for(i=0;i<3;i++){
    shel[i] = data[1][i][1];
    data[1][i][1] = data[4][1][i];
    data[4][1][i] = data[3][2-i][1];
    data[3][2-i][1] = data[5][1][2-i];
    data[5][1][2-i] = shel[i];
  }
  break;

  case 17:
//------------------------------⑨背面------------------------------
  // ⑨-2 背面 前面から見て反時計回転
  //2-面の変化
  //upper 右回転 or lower 左回転  回数数1
  n = 2;
  rot(1,1,data[n]);

  for(i=0;i<3;i++){
    shel[i] = data[4][0][i];
    data[4][0][i] = data[1][i][2];
    data[1][i][2] = data[5][2][2-i];
    data[5][2][2-i]=data[3][2-i][0];
    data[3][2-i][0] = shel[i];
  }
  break;

  case 18:
  // ⑦-2 背面    前面から見て時計回転
  //2-面の変化
  //upper 左回転 or lower 右回転  回数数1
  n = 2;
  rot(0,1,data[n]);

  for(i=0;i<3;i++){
    shel[i] = data[1][i][2];
    data[1][i][2] = data[4][0][i];
    data[4][0][i] = data[3][2-i][0];
    data[3][2-i][0] = data[5][2][2-i];
    data[5][2][2-i] = shel[i];
  }
  }

  disp(data);
  gets(st);
}
```

[2.8] イルミネーションのチェック・プログラム

```
//----------------------------------------------------
// PIC18F13K22 RGB-LED  1面チェック Prgram
// Test Programmed by Mintaro Kanda
//     2020/1/3(Fri)     Prg2  CCS-Cコンパイラ
//   シリアルポートは  B4,B5
//  RGB LED(OST4ML8132A)用
//----------------------------------------------------
#include <18f13K22.h>
#fuses INTRC_IO,NOWDT,NOPROTECT,NOMCLR,NOPLLEN
#use delay (clock=8000000)
#use fast_io(a)
#use fast_io(b)
#use fast_io(c)
void bit(int data)
{
    int a=0x80;
    long t=1;
    while(a!=0){
        if(data & a){
            output_b(0x30);
            delay_us(t);
            output_b(0x10);//10 or 20
            delay_us(t);
        }
        else{
            output_b(0);
            delay_us(t);
             output_b(0x10);//10 or 20
            delay_us(t);
        }
        a>>=1;
    }
}
void reset()
{
   output_b(0);
   delay_us(50);
}
void color(int col)
{
    switch(col){//B-G-R (OST4ML8132A)
        case 1:bit(0x0);bit(0x0);bit(0x40);// 赤 R
            break;
        case 2:bit(0x0);bit(0x40);bit(0x0);// 緑 G
            break;
        case 3:bit(0x60);bit(0x0);bit(0x0);// 青 B
            break;
        case 4:bit(0x0);bit(0x50);bit(0x40);// 黄色
            break;
        case 5:bit(0x30);bit(0x0);bit(0x30);// 紫色
            break;
        case 6:bit(0x40);bit(0x40);bit(0x0);// 水色
            break;//
        case 7:bit(0x0);bit(0x30);bit(0x60);// オレンジ
            break;
        case 8:bit(0x30);bit(0x30);bit(0xA0);// ピンク
            break;
        case 9:bit(0x80);bit(0x80);bit(0x80);//  白
            break;
        case 10:bit(0x10);bit(0x10);bit(0x10);//  灰
    }
}
```

```
void main()
  {
  int i,j;
  set_tris_b(0x0);// 全ポート出力設定

  setup_oscillator(OSC_8MHZ);
  setup_adc_ports(NO_ANALOGS);// 全ポートデジタル設定

  while(1){
      for(j=1;j<=10;j++){
          for(i=0;i<9;i++){
              color(j);
          }
          delay_ms(1000);//1 秒時間待ち
      }
  }
}
```

[2.8] 各面が同色で変化していくかどうかのチェック・プログラム

```
void main()
  {
  int col,i,j,k;
  set_tris_b(0x0);// 全ポート出力設定
  setup_oscillator(OSC_8MHZ);//8MH z クロック (Max16MHz)
  setup_adc_ports(NO_ANALOGS);// 全ポートデジタル設定
  output_b(0);
  while(1){
      // 1 個目の LED 色データ
      for(k=0;k<9;k++){//9 色を順次変えていく
          for(j=0;j<6;j++){//6 面分
              col = (j+k) % 9 + 1;
              for(i=0;i<9;i++){//LED を 1 面 9 個連結したから　9
                  color(col);
              }
          }
          delay_ms(1000);
      }
  }
}
```

[2.9] 最終イルミネーションキューブプログラム (mainProgram)

```
//-------------------------------------------------------------
// RGB-Led 表示　イルミキューブ　プログラム　PIC 18F13K22 用
// Programmed by  Mintaro kanda  メイン・クロック 8MHz
//   for CCS-C コンパイラ　Ver 1.0  2020/1/3(Fri)
//   sirial port B4,B5       Prg3
//   RGB-Led  OST4ML8132A 用
//-------------------------------------------------------------
#include <18F13K22.h>
#device ADC=10 // アナログ電圧を分解能 1 0bit で読み出す
#fuses INTRC_IO,NOWDT,NOPROTECT,NOMCLR,NOPLLEN
#use delay (clock=8000000)
#use fast_io(a)
#use fast_io(b)
#use fast_io(c)

const int mis[3]={0x6,0x5,0x3};
const int  rv[]={1,2,3,4,5,6,19,20,7,8,9,10,11,12,0,0,13,14,15,16,17,18,0,0}
;
```

```
int data[6][3][3];// 面データ配列
int memo[120];// 操作の手順を記憶できる回数 120 回
int count;

void rot(int r,int n)
 {   // 横回転ルーチン
  int i,j;
  int shel1[3][3],shel2[3][3];
  int* pa,*pshel;
     for(j=0;j<3;j++){
        for(i=0;i<3;i++){
           // 左回転
              shel1[i][2-j]=data[n][j][i];
           // 右回転
              shel2[2-i][j]=data[n][j][i];
         }
      }

     // 回転して得られたデータを元配列にコピー
     pa=data[n][0];
     if(r){
       pshel=shel1[0];
     }
     else{
       pshel=shel2[0];
     }
     for(i=0;i<9;i++){
       *pa++ = *pshel++;
     }
}
void bit(int data)
{
    int a=0x80;
    long t=1;//←LED の点灯が安定しないときは、値を 2 とか 3 にすると安定する場合がある
    while(a!=0){
        if(data & a){
            output_b(0x30);
            delay_us(t);
            output_b(0x10);//10 or 20
            delay_us(t);
        }
        else{
            output_b(0);
            delay_us(t);
             output_b(0x10);//10 or 20
            delay_us(t);
        }
        a>>=1;
    }
}
void color(int col)
{
    switch(col){//B-G-R (OST4ML8132A)
        case 1:bit(0x0);bit(0x0);bit(0x40);// 赤 R
             break;
        case 2:bit(0x0);bit(0x40);bit(0x0);// 緑 G
             break;
        case 3:bit(0x60);bit(0x0);bit(0x0);// 青 B
             break;
        case 4:bit(0x0);bit(0x50);bit(0x40);// 黄色
             break;
        case 5:bit(0x30);bit(0x0);bit(0x30);// 紫色
```

```
                            break;
                case 6:bit(0x40);bit(0x40);bit(0x0);// 水色
                        break;//                        ↑6面色はここまで
                case 7:bit(0x0);bit(0x30);bit(0x60);// オレンジ
                        break;
                case 8:bit(0x30);bit(0x30);bit(0xA0);// ピンク
                        break;
                case 9:bit(0x80);bit(0x80);bit(0x80);// 白
                        break;
                case 10:bit(0x10);bit(0x10);bit(0x10);// 灰
        }
}
void disp()
{
        int i,j,k;
        for(k=0;k<6;k++){
                for(j=0;j<3;j++){
                        for(i=0;i<3;i++){
                                color(data[5-k][2-j][2-i]);
                        }
                }
        }
}
void datareset()
{
        int i,j,k;
        for(k=0;k<6;k++){
                for(j=0;j<3;j++){
                        for(i=0;i<3;i++){
                                data[k][j][i]=k+1;// 角1面に同色をセット（1-6）
                        }
                }
        }
        disp();
        count=0;
}
int in_key()
{
        int i,key=0,ov;
        for(i=0;i<3;i++){
          output_c(mis[i]);
          delay_ms(1);
          while(input(PIN_B6)){
                key=rv[((((~input_c() & 0x38)>>3) + (i*8))];
                goto ex;
          }
        }
ex: ov=key & 7;
        ov+=(key & 0x18)<<1;//A3 飛ばし
        output_a(ov);
        return key;
}
void kaiten(int in){
  int i,n,shel[3];
  switch(in){
    case 1:
    //- - - - - - - - - - - - - - 横回転の変化 - - - - - - - - - - -
    //-------------------------------①上------------------------
    // ① -1 上 右回転

    for(i=0;i<3;i++){
        shel[i] = data[0][0][i];
```

```
    data[0][0][i] = data[1][0][i];
    data[1][0][i] = data[2][0][i];
    data[2][0][i] = data[3][0][i];
    data[3][0][i] = shel[i];
}
//4- 面の変化
 n = 4;
//upper 右回転 or lower 左回転　回数数 1
rot(1,n);
break;

case 2:
// ① -2 上 左回転
for(i=0;i<3;i++){
    shel[i] = data[0][0][i];
    data[0][0][i] = data[3][0][i];
    data[3][0][i] = data[2][0][i];
    data[2][0][i] = data[1][0][i];
    data[1][0][i] = shel[i];
}
//4- 面の変化
 n = 4;
 //upper 左回転 or lower 右回転　回数数 1
rot(0,n);
break;

case 3:
//--------------------------------- ②中 -----------------------
// ② -1 中 右回転
for(i=0;i<3;i++){
    shel[i] = data[0][1][i];//<<2 を 1 に訂正　12-21
    data[0][1][i] = data[1][1][i];
    data[1][1][i] = data[2][1][i];
    data[2][1][i] = data[3][1][i];
    data[3][1][i] = shel[i];
}
break;

case 4:
// ② -2 中 左回転
for(i=0;i<3;i++){
    shel[i] = data[0][1][i];
    data[0][1][i] = data[3][1][i];
    data[3][1][i] = data[2][1][i];
    data[2][1][i] = data[1][1][i];
    data[1][1][i] = shel[i];
}
break;

case 5:
//--------------------------------- ③下 -----------------------
// ③ -1 下 右回転
 for(i=0;i<3;i++){
    shel[i] = data[0][2][i];
    data[0][2][i] = data[1][2][i];
    data[1][2][i] = data[2][2][i];
    data[2][2][i] = data[3][2][i];
    data[3][2][i] = shel[i];
}
//5- 面の変化
n = 5;
//upper 左回転 or lower 右回転　回数数 1
```

```
        rot(0,n);
        break;

    case 6:
    // ③-2 下 左回転
    for(i=0;i<3;i++){
        shel[i] = data[0][2][i];
         data[0][2][i] = data[3][2][i];
         data[3][2][i] = data[2][2][i];
         data[2][2][i] = data[1][2][i];
         data[1][2][i] = shel[i];
    }
    //5- 面の変化
    n = 5;
    //upper 右回転 or lower 左回転　回数数 1
    rot(1,n);
    break;

    case 7:
    //* * * * * * * * * * * * * *　縦回転の変化 * * * * * * * * * * * * * * *
    //--------------------------- ④左 ---------------------------------
    // ④-1左 向こう回転
    for(i=0;i<3;i++){
        shel[i] = data[4][i][0];
         data[4][i][0] = data[0][i][0];
         data[0][i][0] = data[5][i][0];
         data[5][i][0] = data[2][2-i][2];
         data[2][2-i][2] = shel[i];
    }
    //3- 面の変化
     n = 3;
    //upper 左回転 or lower 右回転　回数数 1
     rot(0,n);
    break;

    case 8:
    // ④-2左 手前章転
    for(i=0;i<3;i++){
        shel[i] = data[5][i][0];
        data[5][i][0] = data[0][i][0];
        data[0][i][0] = data[4][i][0];
        data[4][i][0] = data[2][2-i][2];
        data[2][2-i][2] = shel[i];
    }
    //3- 面の変化
    n = 3;
    //upper 右回転 or lower 左回転　回数数 1
     rot(1,n);
     break;

    case 9:
    //--------------------------- ⑤中 ---------------------------------
    // ⑤-1中 向こう回転
    for(i=0;i<3;i++){
        shel[i] = data[4][i][1];
         data[4][i][1] = data[0][i][1];
         data[0][i][1] = data[5][i][1];
         data[5][i][1] = data[2][2-i][1];
         data[2][2-i][1] = shel[i];
    }
    break;
```

```
case 10:
// ⑤ -2中 手前章転
for(i=0;i<3;i++){
    shel[i] = data[5][i][1];
    data[5][i][1] = data[0][i][1];
    data[0][i][1] = data[4][i][1];
    data[4][i][1] = data[2][2-i][1];
    data[2][2-i][1] = shel[i];
}

break;

case 11:
//--------------------------- ⑥右 ---------------------------------
// ⑥ -1右 向こう回転
for(i=0;i<3;i++){
    shel[i] = data[4][i][2];
    data[4][i][2] = data[0][i][2];
    data[0][i][2] = data[5][i][2];
    data[5][i][2] = data[2][2-i][0];
    data[2][2-i][0] = shel[i];
}

//1- 面の変化
n = 1;
//upper 右回転 or lower 左回転  回数数 1
 rot(1,n);
 break;

 case 12:
// ⑥ -2右 手前章転
 for(i=0;i<3;i++){
    shel[i] = data[5][i][2];
    data[5][i][2] = data[0][i][2];
    data[0][i][2] = data[4][i][2];
    data[4][i][2] = data[2][2-i][0];
    data[2][2-i][0] = shel[i];
 }
//1- 面の変化
n = 1;
//upper 左回転 or lower 右回転  回数数 1
 rot(0,n);
break;

 case 13:
//+ + + + + + + + + + 手前面・中面・背面の回転変化 + + + + + + + + + +
//--------------------------- ⑦手前面 ---------------------------------
// ⑦ -1手前面 反時計回転
 n = 0;
 //0- 面の変化
 //upper 左回転 or lower 右回転  回数数 1
 rot(0,n);

  for(i=0;i<3;i++){
    shel[i] = data[4][2][i];
    data[4][2][i] = data[1][i][0];
    data[1][i][0] = data[5][0][2-i];
    data[5][0][2-i]=data[3][2-i][2];
    data[3][2-i][2] = shel[i];
  }
  break;
```

```
 case 14:
// ⑦ -2 手前面　時計回転
//0- 面の変化
n = 0;
//upper 右回転 or lower 左回転　回数数 1
rot(1,n);

  for(i=0;i<3;i++){
    shel[i] = data[1][i][0];
     data[1][i][0] = data[4][2][i];
     data[4][2][i] = data[3][2-i][2];//[4][i][0] を [4][2][i]] 12-21
     data[3][2-i][2] = data[5][0][2-i];
     data[5][0][2-i] = shel[i];
  }
 break;

 case 15:
//----------------------------- ⑧中面 -----------------------------
// ⑧ -1 中面 反時計回転
  for(i=0;i<3;i++){
    shel[i] = data[4][1][i];
     data[4][1][i] = data[1][i][1];
     data[1][i][1] = data[5][1][2-i];
     data[5][1][2-i]=data[3][2-i][1];
     data[3][2-i][1]  = shel[i];
  }
  break;

  case 16:
   // ⑧ -2 中面 時計回転
  for(i=0;i<3;i++){
    shel[i] = data[1][i][1];
     data[1][i][1] = data[4][1][i];
     data[4][1][i] = data[3][2-i][1];
     data[3][2-i][1] = data[5][1][2-i];
     data[5][1][2-i] = shel[i];
  }
  break;

 case 17:
//------------------------- ⑨背面 -------------------------------
// ⑨ -2 背面 前面から見て反時計回転
  //2- 面の変化
  //upper 右回転 or lower 左回転　回数数 1
  n = 2;
  rot(1,n);

  for(i=0;i<3;i++){
    shel[i] = data[4][0][i];
     data[4][0][i] = data[1][i][2];
     data[1][i][2] = data[5][2][2-i];
     data[5][2][2-i]=data[3][2-i][0];
     data[3][2-i][0] = shel[i];
  }
  break;

  case 18:
// ⑨ -2 背面　　前面から見て時計回転
//2- 面の変化
//upper 左回転 or lower 右回転　回数数 1
n = 2;
rot(0,n);
```

```
      for(i=0;i<3;i++){
        shel[i] = data[1][i][2];
         data[1][i][2] = data[4][0][i];
         data[4][0][i] = data[3][2-i][0];
         data[3][2-i][0] = data[5][2][2-i];
         data[5][2][2-i] = shel[i];
      }
    break;

      case 19:
          //data reset
        datareset();
      }
}
long vr(){
    long tm;
    set_adc_channel(8);//VR（解法スピード設定用）の値を読む
    delay_us(20);
    tm=read_adc()*4;//4秒の4値を大きくすると、ステップ時間の最長時間を長めにできる
    return tm;
}
void main()
 {
    long tm;
    signed int i;
    int n=0,nb=0,pu;
     set_tris_a(0x0);
     set_tris_b(0x40);//B4,B5,B7出力　　B6入力
     set_tris_c(0xf8);//下位3bit出力,上位4bit入力
     setup_oscillator(OSC_8MHZ);//クロック8MHz
     setup_adc_ports(sAN8);//C6ポートアナログ入力（ステップスピード設定VR）
     setup_adc(ADC_CLOCK_DIV_32);//ADCのクロックを1/32分周に設定


    datareset();//cube色データのリセット
    while(1){
      while(n=in_key(),n==nb);
      if(n==20 && count!=0){
      // 解法手続き
         count--;
         for(i=count;i>=0;i--){
             tm=vr();// ステップ時間調整関数
             if(memo[i]%2){
                 pu=1;
             }
             else{
                 pu=-1;
             }
             kaiten(memo[i]+pu);
             disp();
             delay_ms(tm);
         }
         count=0;
      }
      else{
        kaiten(n);
        disp();
        memo[count++]=nb=n;
      }
    }
}
```

第3章

[3.3] コントール・プログラム

```
//---------------------------------------------------
// PIC16F1823 motor コントロール　Program
// Programmed by Mintaro Kanda
//  2020-5-23(Sat)
//---------------------------------------------------
#include <16F1823.h>
#device ADC=10 // アナログ電圧を分解能 10bit で読み出す
#fuses INTRC_IO,NOWDT,NOPROTECT,NOBROWNOUT,PUT,NOMCLR,NOCPD,NOLVP
#use delay (clock=4000000)
#use fast_io(A)
#use fast_io(C)
long v;
void kaiten()
{
 if(v>=512){
     v-=512;
     output_c(5);// 赤
 }
 else{
     v=511-v;
     output_c(0xa);// 緑
 }
  v*=2;
}
void vr()
{
     set_adc_channel(2);//VR（モータスピード設定用）の値を読む
     delay_us(30);
     v=read_adc();
}
void main()
 {
    setup_oscillator(OSC_4MHZ);
    set_tris_a(0x4);
    set_tris_c(0x00);

    // アナログ入力設定
    setup_adc_ports(sAN2);//AN2 のみアナログ入力に指定
    setup_adc(ADC_CLOCK_DIV_32);//ADC のクロックを 1/32 分周に設定

     //ccp 設定
     setup_ccp1(CCP_PWM);
     setup_timer_2(T2_DIV_BY_16,255,1);//PWM 周期 T=1/4MHz×16×4×(255+1)
                                       //            =4.096ms(244.14Hz)
                                       // デューティーサイクル分解能
                                       //t=1/4MHz×duty×4(duty=0?1023)

    while(1){
      vr();
      kaiten();
      set_pwm1_duty(v);//motor 回転スピード PWM
    }
}
```

第4章

[4.4] 制御プログラム

```
//------------------------------------
// PIC16F1827 アナログジョイスティック
// ツインモータコントロール 基本 Program
// Programmed by Mintaro Kanda
//   CCS-C コンパイラ用
//   2020-6-14(Sun)    Prog1 (基本動作確認)
//------------------------------------
#include <16F1827.h>
#device ADC=10 // アナログ電圧を分解能 10 bit で読み出す
#fuses INTRC_IO,NOWDT,NOPROTECT,NOBROWNOUT,PUT,NOMCLR,NOCPD,NOLVP
#use delay (clock=4000000)
#use fast_io(A)
#use fast_io(B)
long v0,v1;
void motor()
{
  // モータ0　制御 ------------------------------------↓
  if(v0>=512){
     output_high(PIN_B0);output_low(PIN_B1);
       v0-=512;
     output_high(PIN_A2); output_low(PIN_A3);// 赤 LED
  }
  else if(v0<480){
         output_high(PIN_B1);output_low(PIN_B0);
         v0=511-v0;
         output_high(PIN_A3); output_low(PIN_A2);// 緑 LED
       }
       else{
          v0=0;
          output_low(PIN_B0);output_low(PIN_B1);
          output_low(PIN_A2);output_low(PIN_A3);
        }
  v0*=2;
  set_pwm1_duty(v0);
  //-------------------------------------------------↑

  // モータ1　制御 ------------------------------------↓
  if(v1>=512){
     output_high(PIN_B2);output_low(PIN_B4);
       v1-=512;
     output_high(PIN_A4); output_low(PIN_A6);// 赤 LED
  }
  else if(v1<480){
         output_high(PIN_B4);output_low(PIN_B2);
         v1=511-v1;
         output_high(PIN_A6);output_low(PIN_A4);// 緑 LED
       }
       else{
          v1=0;
          output_low(PIN_B2);output_low(PIN_B4);
          output_low(PIN_A6);output_low(PIN_A4);
        }
  v1*=2;
  set_pwm2_duty(v1);
  //-------------------------------------------------↑
}
void vr()
{
     set_adc_channel(0);//VR (モータースピード設定用) の値を読む
```

```
        delay_us(30);
        v0=read_adc();
      set_adc_channel(1);//VR (モータースピード設定用) の値を読む
        delay_us(30);
        v1=read_adc();
}

void main()
 {
   setup_oscillator(OSC_4MHZ);
   set_tris_a(0x3);
   set_tris_b(0x0);

   // アナログ入力設定
   setup_adc_ports(sAN0,sAN1);//AN0,AN1 のみアナログ入力に指定
   setup_adc(ADC_CLOCK_DIV_32);//ADC のクロックを 1/32 分周に設定

   //ccp 設定
   setup_ccp1(CCP_PWM);
   setup_ccp2(CCP_PWM);
   setup_timer_2(T2_DIV_BY_16,255,1);//PWM 周期 T=1/4MHz×16×4×(255+1)
                                     //      =4.096ms(244.14Hz)
                                     // デューティーサイクル分解能
                                     //t=1/4MHz×duty×4(duty=0 ～ 1023)

   while(1){
     vr();
     motor();
   }
}
```

[4.5] 2つのモータをコントロールして、ロボットの動作

```
//--------------------------------------------------------
// PIC16F1827 アナログジョイスティック
// ツインモータロボットコントロール Program
// Programmed by Mintaro Kanda
// for CCS-C   Prog2 (ツインモータロボットオペレーション用)
//   2020-6-20(Sat)
//--------------------------------------------------------
#include <16F1827.h>
#device ADC=10 //アナログ電圧を分解能 10bit で読み出す
#fuses INTRC_IO,NOWDT,NOPROTECT,NOBROWNOUT,PUT,NOMCLR,NOCPD,NOLVP
#use delay (clock=4000000)
#use fast_io(A)
#use fast_io(B)
long v0,v1;
void motor()
{
    //--------------------------------------------------------------
    // パターン B
    //565?459 はニュートラル (StopPosition)
    if(v0>459 && v0<565 && v1>459 && v1<565){
        // モータストップ状態                              B
        v0=0;v1=0;
         output_b(0);//FET ゲート OFF
         output_a(0);//LED 全消灯
         return;
    }
    //--------------------------------------------------------------
    if(v1>459 && v1<565){// 横方向スティックがニュートラルのときで・・・・
        if(v0>565){// パターン A 前進                      A
            output_b(0x05);
            v0-=512;
```

```
                          v1=v0;
                          output_a(0x14);// 両緑 LED on
                     }
                 else if(v0<459){// パターン C 後退            C
                          output_b(0x12);
                          v0=511-v0;
                          v1=v0;
                          output_a(0x48);// 両赤 LED on
                     }
             }
         else{// 横方向スティックがニュートラル以外・・・・
             // パターン D 右超信地旋回
             if(v0>459 && v0<565){// パターン D 右超信地旋回      D
                 if(v1<459){
                     output_b(0x11);
                     v0-=512;
                     v1=v0;
                     output_a(0x44);// 緑赤 LED on
                 }
                 else if(v1>565){// パターン E 右超信地旋回        E
                     output_b(0x06);
                     v0-=512;
                     v1=v0;
                     output_a(0x18);// 赤緑 LED on
                 }
             }
         }
     }
//------------------------------------------------------------------
  v0*=2;
  v1*=2;
  set_pwm1_duty(v0);
  set_pwm2_duty(v1);
}
void vr()
{
     set_adc_channel(0);//VR（モータ回転設定用）の値を読む
       delay_us(30);
       v0=read_adc();
     set_adc_channel(1);//VR（モータ回転設定用）の値を読む
       delay_us(30);
       v1=read_adc();
}
void main()
 {
   setup_oscillator(OSC_4MHZ);
   set_tris_a(0x3);
   set_tris_b(0x0);

   // アナログ入力設定
   setup_adc_ports(sAN0,sAN1);//AN0,AN1 のみアナログ入力に指定
   setup_adc(ADC_CLOCK_DIV_32);//ADC のクロックを 1/32 分周に設定

    //ccp 設定
    setup_ccp1(CCP_PWM);
    setup_ccp2(CCP_PWM);
    setup_timer_2(T2_DIV_BY_16,255,1);//PWM 周期 T=1/4MHz×16×4×(255+1)
                                    //         =4.096ms(244.14Hz)
                                    // デューティーサイクル分解能
                                    //t=1/4MHz×duty×4(duty=0?1023)

   while(1){
     vr();
     motor();
   }
}
```

第５章

[5.5] 曲データのチェック

```c
//--------------------------------------------------
// オリジナル楽譜フォーマット ＞ データ変換
//                    プログラム Ver 2.0
//   2020-6-27(Sat)  Programmed by Mintaro Kanda
//   データチェック用パソコン Program
//--------------------------------------------------
#pragma hdrstop
#pragma argsused
#include <stdio.h>
#include <stdlib.h>
void main(void)
{
  char st[8];

  char       kyoku[][16][128]={{"c+3d+3e+3f+3g+3  c+3d+3e+3f+3g+3
c+3d+3e+3f+3g+3 c+3d+3e+3f+3g+3",//0:UFO 襲来
                        "c+3d+3e+3f+3g+3  c+3d+3e+3f+3g+3
c+3d+3e+3f+3g+3 c+3d+3e+3f+3g+3",
                        "c+3d+3e+3f+3g+3  c+3d+3e+3f+3g+3
c+3d+3e+3f+3g+3 c+3d+3e+3f+3g+3",
                        "c+3d+3e+3f+3g+3  c+3d+3e+3f+3g+3
c+3d+3e+3f+3g+3 c+3d+3e+3f+3g+3E"},

                        {"d24e24f#36f#12 e24e12d12e24r24 f#24a24b36b12
a72r24",//1: めだかの学校
                         "b24b12b12b12d+12b12a12 b12a12f#12f#12f#24r24
b24b12b12b12d+12b12a12",
                         "b12a12f#12f#12f#24r24 e24e12d12e12a12f#12e12
d12d12d12d12d72E"},

                        {"f36f12g24a24 a#24d+24c+24a#24 a24f24g36g12
f48r48", //2: 花
                          "c36c12f24r12f12  g12f12e12d12c48
a-12c12f12g12a24c+24 g48r48",
                         "c36c12f24r12f12 g12f12d12e12c48 g36g12g24a24
f48r48",
                          "c+36c+12c+36a12 a#36a#12a#24r12g12 a48d24g24
c72r24",
                         "c36c12f24f24 g12f12e12d12c48 g24g18a6a#24g24
f72r24",
                          "c36c12f24r12f12  g12f12e12d12c48
a-12c12f12g12a24c+24 g48r48",
                         "c36c12f24r12f12 g12f12d12e12c48 g36g12g24a24
f48r48",
                          "c+36c+12c+36a12 a#36a#12a#24r12g12 a48d24g24
c72r24",
                          "c36c12f24f#24 g12a12a#12c+12d+96r48 c+36c+12g24a24
f48r48E"},

                          {"g24e12f12g36g12 a12c+12g12d+12c+12a12g24
a24c+12a12g36g12", //3: 夏は来ぬ
                           "a12d12d12g12e12c12d24  c24e24g36g12
a12g12a12c+12g36g12",
                          "c+36e+12d+24d+24 c+72r24",
                           "g24e12f12g36g12 a12c+12g12d+12c+12a12g24
a24c+12a12g36g12",
                           "a12d12d12g12e12c12d24  c24e24g36g12
a12g12a12c+12g36g12",
                          "c+36e+12d+24d+24 c+72r24E"},
```

```
                                  {"d+24d+12d+12d+12e+12c+12a12
g18g6a12b12a24r24",//4：村祭り
                    "a24d+12d+12c+12b12a12g12 d18d6e12a12g24r24",
                              "d12d12g6g6g12b12b6b6d+12r12
b12b12g6g6g12b12g6g6d12r12",
                    "d+18d+6d+12d+12d+12e+12c+12a12g18a6b12a12g24r24",
                    "d+24d+12d+12d+12e+12c+12a12 g18g6a12b12a24r24",

                    "a24d+12d+12c+12b12a12g12 d18d6e12a12g24r24",
                              "d12d12g6g6g12b12b6b6d+12r12
b12b12g6g6g12b12g6g6d12r12",
                      "d+18d+6d+12d+12d+12e+12c+12a12g18a6b12a12g24r2
4E"},

                              {"c24 f60e12f12a12c+12f+12f+48e+12d+12
c+12f+12g12a12a#12d+12f12g12", //5：トロイメライ
                          "a12c+12g48c24 f60e12f12a12
c+12a+12a+36g+12f+12e+12 f+12a+12d+12f+12e+36d#+12",
                    "d+24e+24c+24c24 f60e12f12a12 c+12f+12f+48e+12d+12
c+12f+12g12a12a#12d+12f12g12",
                          "a12c+12g48c24 f60e12f12a12
c+12a+12a+36g+12f+12e+12 f+12a+12d+12f+12e+36d#+12",
                      "d+24e+24c+24c24 f60e12f12a12
c+12d#+12d#+48d+12c+12 a#12d+12g12a12a#36a12",
                      "g36d12d24r12f12 a#60a12a#12d+12f+12a#+12a#+48a+1
2g+12 f+12a+12d+12e+12f+36e+12",
                      "d+36a12a24g12c12 f60e12f12a12 c+12f+12f+48e+12d+12
c+12f+12g12a12a#12d+12f12g12",
                          "a12c+12g48c24 f60e12f12a12
c+12a+12a+96g+12f+12d+12 c+12f+12g12a12a#12d+12g12a12",
                      "a#36d+36d36e36f96E"},

                      {"g24f#24b-24e24d24g-24 a-60b-12c48r24 e-48f#-12g-
12a-12b-12c12d12e12f#12",//6：白鳥
                      "b84r60 g24f#24b-24e24d24g-24 a#-60b-12c#72 f#-
36g#-12a#-12b-12c#12d12e12f#12g#12a#12",
                            "d+80r60 d+24b24g24e24f#24g24 d60e12f#48r24
c+24a24f24d24e24f24 c60d12e48r24",
                            "e24a-24b-24c48d12e12 f#72e48r24 e24a-24b-
24c#48d12e12 f72f#72 g24f#24b-24e24d24g-24",
                      "a-60b-12c48r24 e-48f#-12g-12a-12b-12c12d12e12f#12
b120r24 b24a24e24g24f#24c24",
                            "e24d24g-24a-24b-24g-24 b-72c24d24b-24
e72e24f#24d24 g144E"},

                      {"c24f24e12f12g60a12a12g12a60a#12a#12a12d+36c+12
a#12a12e12f12g60 a12a12g12f48",
                            "a12a#12g12a12a#12c+12a12a#12d+24g48a12g12
g24a12g12c+48 a24e12f12g60 a12a12g12a60",
                      "a#12a#12a12d+36c+12 a#12a12e12f12g60 a12a12g12f48
c+12d+12d+12c+12a#12c+12a12a#12",
                      "e+12f+12f+12e+12d+12e+12c#+12d+12",
                      "f+12g+12e+12f+12g+12a+12f+12g+12 a+60g+12f+12d+12
e+48f+12e+12d+12a12 c+48d+12c+12a#12f12",
                      "a60g12f12c#12a60g12f12c#12a156g12f12c12f96E"},
//7：別れの曲

                              {"d+24g12a12b12c+12 d+24g24g24
e+24c+12d+12e+12f#+12 g+24g24g24 c+24d+12c+12b12a12",
                            "b24c+12b12a12g12 f#24g12a12b12g12 b6a66
d+24g12a12b12c+12 d+24g24g24", //8：メヌエット
                            "e+24c+12d+12e+12f#+12 g+24g24g24
c+24d+12c+12b12a12 b24c+12b12a12g12 a24b12a12g12f#12 g72",
```

```
                                        "b+24g+12a+12b+12g+12  a+24d+12e+12f#+12d+12
g+24e+12f#+12g+12d+12 c#+24b12c#+12a24",
                                        "a12b12c#+12d+12e+12f#+12  g+24f#+24e+24
f#+24a24c#+24 d+72 d+24g12f#12g24 e+24g12f#12g24",
                                "d+24c+24b24 a12g12f#12g12a24 d12e12f#12g12a12b12
c+24b24a24 b12d+12g24f#+24 g72E"},

                            {"g12a#12a#12r12 c+12a#12a#12r12 d#+12a#12a#12r12
c+12a#12a#12r12 f12a#12a#12r12",//9: エコセーズ
                            "g12a#12a#12r12 g#12a#12a#12r12 a#12g#+12g#+12r12
g12a#12a#12r12 c+12a#12a#12r12",
                            "d#+12a#12a#12r12 c+12a#12a#12r12 f12a#12a#12r12
g12a#12a#12r12 g#12a#12a#12r12 a#12g#+12g#+12r12",
                        "d#12r12a#-12r12 c12c+12c+12r12 d12r12d+12r12
d#12d#+12g12r12 f12r12f+12r12 g12g+12g+12r12 g#12g#+12f+12d+12",
                        "d#+12g+12d#+12a#12 d#12r12a#-12r12 c12c+12c+12r12
d12r12d+12r12 d#12d#+12g12r12 f12r12f+12r12",
                            "g12g+12g+12r12 g#12g#+12f+12d+12 d#+12r36
a#+12g+12d#+12a#12 g12r36 a#+12g+12d#+12a#12 g12r36 a#+24c+12a#+12",
                                "g#+12g+12f+12d+12 a#+12g#+12f+12d+12
a#12g#12f12d12 a#+12g+12d#+12a#12 g12r36 a#+12g+12d#+12a#12 g12r36",
                            "a#+24c+12a#12 g#+12a#+12f+12a#+12d12a#+12a#12a#+
12 g#12a#+12f12a#+12 d#12r12a#-12r12",
                            "c12c+12c+12r12 d12r12d+12r12 d#12d#+12g12r12
f12r12f+12r12 g12g+12g+12r12 g#12g#+12f+12d+12 d#+12g+12d#+12a#12",
                            "g12r12a#12r12 c12c+12c+12r12 d12r12d+12r12
d#12d#+12g12r12 f12r12f+12r12 g12g+12g+12r12 g#12g#+12f+12d+12 d#+36E"}};

  char oto[]="c#d#ef#g#a#br";//r は休符
  char lenstr[8];
  int  freq[]={3822,3608,3405,3214,3034,2863,2703,2551,2408,2273,2145,2025,0,
              1911,1804,1703,1607,1517,1432,1351,1276,1204,1136,1073,1012,0,
              956,902,851,804,758,716,676,638,602,568,536,506.0};
  int onpulen[256];
  int ontei[256];
  int i,j,k,m,n,pu,q,datalen,error;
  int memogyou[256],memoretu[256],gyou=0,retu=0;// エラー箇所を発見する配列
  k=0;
  error=0;
  n=9;// 曲ブロックの指定　0～（UFO 襲来）1（めだかの学校）,2（花）・・・・
  puts(" 何ブロック目の曲のデータをチェックしますか？ ");

  puts(" 数字（0 ～）で入力してください！ ¥n");
  gets(st);
  n=atoi(st);

  i=m=0;
  while(1){// ①
   while(kyoku[n][m][i]!='¥0'){// ②
     if(kyoku[n][m][i]=='E') goto EX;
     // スペースの空読み
     while(kyoku[n][m][i]==' ') i++;

     //-------------------------------------------------------
     // 音名の読み取り
     for(j=0;j<13;j++){//r を含むので 13
       if(kyoku[n][m][i]==oto[j]){
         break;
       }
     }
     if(j==13){
       error++;// 規定フォーマット以外の文字が来るとエラー
       memoretu[retu++]=i;// エラー列を記憶
       memogyou[gyou++]=m;// エラー行を記憶
```

```
        }
        i++;
        //# のチェック
        if(kyoku[n][m][i]=='#'){
            j++;
            i++;
        }
        pu=13;//r を含むので 13
        if(kyoku[n][m][i]=='+' || kyoku[n][m][i]=='-'){// オクターブチェック
            switch(kyoku[n][m][i]){
                case '+': pu+=13;break;
                case '-': pu-=13;break;
            }
            i++;
        }
        // 音程の決定
        ontei[k]=freq[pu+j];

        //-----------------------------------------------------
        // 音長の読み取り
        q=0;
        while(kyoku[n][m][i]>='0' && kyoku[n][m][i]<='9'){
            lenstr[q++]=kyoku[n][m][i++];
        }
        lenstr[q]='\0';
        onpulen[k]=atoi(lenstr);
        k++;
    }// ②
    m++;
    i=0;
}// ①

    //-----------------------------------------------------
EX:printf(" 「 %d 曲目 」のデータをチェックしました。\n\n",n);
    printf(" 音符の数 =%d　エラー個数 =%d\n",k,error);
    if(error){
        printf(" エラー箇所 :");
        for(i=0;i<error;i++){
            printf("%3d 行 :%3d 列 , ",memogyou[i],memoretu[i]);
        }
        puts("");
    }
    for(i=0;i<k;i++){
        printf("onpu 長 :%3d,ontei:%4d ",onpulen[i],ontei[i]);
        if((i+1)%4==0) putchar('\n');
    }
    gets(st);
}
```

[5.6]「自動演奏」を行なうためのプログラム

```
//-----------------------------------------------------
// 単音自動演奏 new プログラム      -2-
// 2020-6-27(Sat) Programmed by Mintaro Kanda
// CCS-C コンパイラ用
// PIC18F26K22 Clock 64MHz
//-----------------------------------------------------
#include <18F26K22.h>
#device ADC=10 // アナログ電圧を分解能１０bit で読み出す
#include <stdlib.h>
#fuses INTRC_IO,NOMCLR
#use delay (clock=64000000)
#use fast_io(A)
```

```
#use fast_io(B)
#use fast_io(C)
const char kyoku[10][10][128]={{"c+3d+3e+3f+3g+3  c+3d+3e+3f+3g+3
c+3d+3e+3f+3g+3 c+3d+3e+3f+3g+3",//0:UFO襲来
                                "c+3d+3e+3f+3g+3  c+3d+3e+3f+3g+3
c+3d+3e+3f+3g+3 c+3d+3e+3f+3g+3",
                                "c+3d+3e+3f+3g+3  c+3d+3e+3f+3g+3
c+3d+3e+3f+3g+3 c+3d+3e+3f+3g+3",
                                "c+3d+3e+3f+3g+3  c+3d+3e+3f+3g+3
c+3d+3e+3f+3g+3 c+3d+3e+3f+3g+3E"},

                                {"d24e24f#36f#12 e24e12d12e24r24 f#24a24b36b12
a72r24",//1:めだかの学校
                                 "b24b12b12b12d+12b12a12 b12a12f#12f#12f#24r24
b24b12b12b12d+12b12a12",
                                 "b12a12f#12f#12f#24r24 e24e12d12e12a12f#12e12
d12d12d12d12d72E"},

                                {"f36f12g24a24 a#24d+24c+24a#24 a24f24g36g12
f48r48", //2:花
a-12c12f12g12a24c+24 g48r48",
                                 "c36c12f24r12f12  g12f12e12d12c48
f48r48",
                                 "c36c12f24r12f12 g12f12d12e12c48 g36g12g24a24
c72r24",
                                 "c+36c+12c+36a12 a#36a#12a#24r12g12 a48d24g24
f72r24",
                                 "c36c12f24f24 g12f12e12d12c48 g24g18a6a#24g24
a-12c12f12g12a24c+24 g48r48",
                                 "c36c12f24r12f12  g12f12e12d12c48
f48r48",
                                 "c36c12f24r12f12 g12f12d12e12c48 g36g12g24a24
c72r24",
                                 "c+36c+12c+36a12 a#36a#12a#24r12g12 a48d24g24
c36c12f24f#24 g12a12a#12c+12d+96r48 c+36c+12g24a24
f48r48E"},

                                {"g24e12f12g36g12 a12c+12g12d+12c+12a12g24
a24c+12a12g36g12", //3:夏は来ぬ
                                 "a12d12d12g12e12c12d24 c24e24g36g12
a12g12a12c+12g36g12",
                                 "c+36e+12d+24d+24 c+72r24",
                                 "g24e12f12g36g12 a12c+12g12d+12c+12a12g24
a24c+12a12g36g12",
                                 "a12d12d12g12e12c12d24 c24e24g36g12
a12g12a12c+12g36g12",
                                 "c+36e+12d+24d+24 c+72r24E"},

                                {"d+24d+12d+12d+12e+12c+12a12
g18g6a12b12a24r24",//4:村祭り
                                 "a24d+12d+12c+12b12a12g12 d18d6e12a12g24r24",
                                 "d12d12g6g6g12b12b6b6d+12r12
b12b12g6g6g12b12g6g6d12r12",
                                 "d+18d+6d+12d+12d+12e+12c+12a12g18a6b12a12g24r24",
                                 "d+24d+12d+12d+12e+12c+12a12 g18g6a12b12a24r24",
                                 "a24d+12d+12c+12b12a12g12 d18d6e12a12g24r24",
                                 "d12d12g6g6g12b12b6b6d+12r12
b12b12g6g6g12b12g6g6d12r12",
                                 "d+18d+6d+12d+12d+12e+12c+12a12g18a6b12a12g24r2
4E"},

                                {"c24 f60e12f12a12c+12f+12f+48e+12d+12
c+12f+12g12a12a#12d+12f12g12", //5:トロイメライ
                                 "a12c+12g48c24  f60e12f12a12
```

```
        c+12a+12a+36g+12f+12e+12  f+12a+12d+12f+12e+36d#+12",
                        "d+24e+24c+24c24 f60e12f12a12 c+12f+12f+48e+12d+12
c+12f+12g12a12a#12d+12f12g12",
                            "a12c+12g48c24  f60e12f12a12
c+12a+12a+36g+12f+12e+12  f+12a+12d+12f+12e+36d#+12",
                            "d+24e+24c+24c24  f60e12f12a12
c+12d#+12d#+48d+12c+12 a#12d+12g12a12a#36a12",
                    "g36d12d24r12f12 a#60a12a#12d+12f+12a#+12a#+48a+1
2g+12  f+12a+12d+12e+12f+36e+12",
                    "d+36a12a24g12c12 f60e12f12a12 c+12f+12f+48e+12d+12
c+12f+12g12a12a#12d+12f12g12",
                            "a12c+12g48c24  f60e12f12a12
c+12a+12a+96g+12f+12d+12 c+12f+12g12a12a#12d+12g12a12",
                    "a#36d+36d36e36f96E"},

                    {"g24f#24b-24e24d24g-24 a-60b-12c48r24 e-48f#-12g-
12a-12b-12c12d12e12f#12",//6: 白鳥
                    "b84r60 g24f#24b-24e24d24g-24 a#-60b-12c#72 f#-
36g#-12a#-12b-12c#12d12e12f#12g#12a#12",
                        "d+80r60 d+24b24g24e24f#24g24 d60e12f#48r24
c+24a24f24d24e24f24 c60d12e48r24",
                    "e24a-24b-24c48d12e12 f#72e48r24 e24a-24b-
24c#48d12e12 f72f#72 g24f#24b-24e24d24g-24",
                    "a-60b-12c48r24 e-48f#-12g-12a-12b-12c12d12e12f#12
b120r24 b24a24e24g24f#24c24",
                        "e24d24g-24a-24b-24g-24  b-72c24d24b-24
e72e24f#24d24 g144E"},

                        {"c24f24e12f12g60a12a12g12a60a#12a#12a12d+36c+12
a#12a12e12f12g60 a12a12g12f48",
                        "a12a#12g12a12a#12c+12a12a#12d+24g48a12g12
g24a12g12c+48 a24e12f12g60 a12a12g12a60",
                        "a#12a#12a12d+36c+12 a#12a12e12f12g60 a12a12g12f48
c+12d+12d+12c+12a#12c+12a12a#12",
                        "e+12f+12f+12e+12d+12e+12c#+12d+12",
                        "f+12g+12e+12f+12g+12a+12f+12g+12 a+60g+12f+12d+12
e+48f+12e+12d+12a12 c+48d+12c+12a#12f12",
                            "a60g12f12c#12a60g12f12c#12a156g12f12c12f96E"},
//7: 別れの曲

                                    {"d+24g12a12b12c+12  d+24g24g24
e+24c+12d+12e+12f#+12 g+24g24g24 c+24d+12c+12b12a12",
                        "b24c+12b12a12g12 f#24g12a12b12g12 b6a66
d+24g12a12b12c+12 d+24g24g24", //8: メヌエット
                            "e+24c+12d+12e+12f#+12  g+24g24g24
c+24d+12c+12b12a12 b24c+12b12a12g12 a24b12a12g12f#12 g72",
                        "b+24g+12a+12b+12g+12  a+24d+12e+12f#+12d+12
g+24e+12f#+12g+12d+12 c#+24b12c#+12a24",
                            "a12b12c#+12d+12e+12f#+12  g+24f#+24e+24
f#+24a24c#+24 d+72 d+24g12f#12g24 a24g12f#12g24",
                        "d+24c+24b24 a12g12f#12g12a24 d12e12f#12g12a12b12
c+24b24a24 b12d+12g24f#24 g72E"},

                        {"g12a#12a#12r12  c+12a#12a#12r12 d#+12a#12a#12r12
c+12a#12a#12r12 f12a#12a#12r12",//9: エコセーズ
                        "g12a#12a#12r12 g12a#12a#12r12 a12g#+12g#+12r12
g12a#12a#12r12 c+12a#12a#12r12",
                        "d#+12a#12a#12r12  c+12a#12a#12r12 f12a#12a#12r12
g12a#12a#12r12 g12a#12a#12r12 a12g#+12g#+12r12",
                        "d12r12a12a#-12r12 c12c+12c+12r12 d12r12d+12r12
d#12d#+12g12r12 f12r12f+12r12 g12g+12g+12r12 g#12g#+12#+12f+12d+12",
                        "d#+12g+12d#+12a#12  d12r12a#-12r12 c12c+12c+12r12
d12r12d+12r12 d#12d#+12g12r12 f12r12f+12r12",
                            "g12g+12g+12r12  g#12g#+12#+12f+12d+12  d#+12r36
```

```
a#+12g+12d#+12a#12 g12r36 a#+12g+12d#+12a#12 g12r36 a#+24c+12a#+12",
                              "g#+12g+12f+12d#+12  a#+12g#+12f+12d+12
a#12g+12f12d12 a#+12g+12d#+12a#12 g12r36 a#+12g+12d#+12a#12 g12r36",
                    "a#+24c+12a#12 g#+12a#+12f+12a#+12d12a#+12a#12a#+
12 g#12a#+12f12a#+12 d#12r12a#-12r12",
                              "c12c+12c+12r12 d12r12d+12r12 d#12d#+12g12r12
f12r12f+12r12 g12g+12g+12r12 g#12g#+12f+12d+12 d#+12g+12d#+12a#12",
                              "g12r12a#12r12 c12c+12c+12r12 d12r12d+12r12
d#12d#+12g12r12 f12r12f+12r12 g12g+12g+12r12 g#12g#+12f+12d+12 d#+36E"}};
const char oto[]="c#d#ef#g#a#br";//rは休符
const long  freq[]={3822,3608,3405,3214,3034,2863,2703,2551,2408,2273,2145,
2025,0,
                    1911,1804,1703,1607,1517,1432,1351,1276,1204,1136,1073,
1012,0,
                    956,902,851,804,758,716,676,638,602,568,536,506.0};
const int seg[16]={0x3f,0x06,0x5b,0x4f,0x66,0x6d,0x7d,0x27,0x7f,0x6f,0x77,0
x7c,0x39,0x5e,0x79,0x71};
long count=0, ontei[1024];
int onpulen[1024];
float tempo;

#int_timer0 //タイマ0 割込み宣言
void timer0_start(){//タイマー0割り込み
  count++;
}
void play(int q)//演奏ルーチン
{
  int n=0;
  long fre;
  while(n<q){
    set_adc_channel(0);//VR(Tempo設定用)の値を読む
    delay_us(30);
    tempo=read_adc()/120.0+0.8;//VRでテンポを決定 tempoは小数値で決定される
    fre=ontei[n]*0.99;//0.99は、周波数の微調整用
    while(count<onpulen[n]*tempo-3){//? 3は音を区切るためにわずかに休符を入れる
      output_high(PIN_C4);
        delay_us(fre);
      output_low(PIN_C4);
        delay_us(fre);
    }
    count=0;
    while(count<3){// 音を区切るためにわずかに休符を入れる
      output_low(PIN_C4);
    }
    n++;
    count=0;
    if(!input(PIN_A3)) return;// ボタンが押されたら演奏を中断する
  }
}
void disp(int n)
{
    output_b(seg[n]);
}
void main()
 {
  char lenstr[8];
  int i,j,k,m,n,q,pu,error;
  set_tris_a(0x9); //a0,a3ピンを入力に設定
  set_tris_b(0x0); //b0-b7ピンすべてを出力に設定
  set_tris_c(0xf);//c0-c3を入力ピンに設定
  setup_oscillator(OSC_64MHZ);// 内蔵のオシレータの周波数を64MHzに設定

  // アナログ入力設定
   setup_adc_ports(sAN0);//AN0のみアナログ入力に指定
```

```
    setup_adc(ADC_CLOCK_DIV_32);//ADC のクロックを 1/32 分周に設定

  setup_timer_0(T0_INTERNAL);
  set_timer0(0); //initial set

 // 演奏用データ生成ルーチン
while(1){//-0-
 output_low(PIN_A1);
 output_low(PIN_A2);
    while(input(PIN_A3)){// 演奏スタートボタンが押されるまで待つ
      n=input_c();//DIP ロータリー SW で演奏曲番号指定
      disp(n);//7 セグに数字を表示
    }
 k=0;error=0;
 i=m=0;
 while(1){// -1-
    while(kyoku[n][m][i]!='\0'){// -2-
      if(kyoku[n][m][i]=='E') goto EX;
      // スペースの空読み
      while(kyoku[n][m][i]==' ') i++;

      //--------------------------------------------------------
      // 音名の読み取り
      for(j=0;j<13;j++){//r を含むので 13
        if(kyoku[n][m][i]==oto[j]){
          break;
        }
      }
      if(j==13) error++;// 規定フォーマット以外の文字が来るとエラー

      i++;
      //# のチェック
      if(kyoku[n][m][i]=='#'){
        j++;
        i++;
      }
      pu=13;//r を含むので 13
      if(kyoku[n][m][i]=='+' || kyoku[n][m][i]=='-'){// オクターブチェック
        switch(kyoku[n][m][i]){
          case '+': pu+=13;break;
          case '-': pu-=13;break;
        }
        i++;
      }
      // 音程の決定
      ontei[k]=freq[pu+j];

      //--------------------------------------------------------
      // 音長の読み取り
      q=0;
      while(kyoku[n][m][i]>='0' && kyoku[n][m][i]<='9'){
        lenstr[q++]=kyoku[n][m][i++];
      }
      lenstr[q]='\0';
      onpulen[k]=atoi(lenstr);
      k++;
    }// -2-
    m++;
    i=0;
    if(error){
        output_high(PIN_A1);// 赤 LED 点灯
        output_low(PIN_A2);// 緑 LED 消灯
    }
    else{
```

```
        output_high(PIN_A2);// 緑 LED 点灯
        output_low(PIN_A1);// 赤 LED 消灯
    }
  } //-1-
    // 演奏スタート
 EX:enable_interrupts(INT_TIMER0);// 割り込み許可
    enable_interrupts(GLOBAL);
    play(k);
    while(!input(PIN_A3));// 演奏スタートボタンが押されている間待つ
    disable_interrupts(INT_TIMER0);// 割り込み停止
 }//-0-
}
```

第 6 章

[6.5] 自動演奏プログラム

```
// トグル SW で演奏曲番号指定
 while(input(PIN_A7)){// 演奏スタートボタンが押されるまで待つ
        if(input(PIN_A6)==0){
            while(input(PIN_A6)==0);
            n++;
            n%=4;// この 4 はデータを定義した最大曲数
        }
        disp(n);//7 セグに数字を表示
    }
```

以下に PIC の全プログラムを示します。サンプルの曲は 6 曲定義しています。

```
//------------------------------------------------
// YAMAHA YMZ294 3 和音 - 自動演奏プログラム
//  2021-1-24(Sun) Programmed by Mintaro Kanda
// CCS-C コンパイラ用
// PIC18F26K22 Clock 64MHz
//------------------------------------------------
#include <18F26K22.h>
#device ADC=10 // アナログ電圧を分解能１０bit で読み出す
#include <stdlib.h>
#fuses INTRC_IO,NOMCLR
#use delay (clock=64000000)
#use fast_io(A)
#use fast_io(B)
#use fast_io(C)

const char kyoku[6][3][12][128]={{{"c+18c6c18d6 e18e6e18d6 c18c6c18a-6
g36r12 a18a6g18a6 c+18c6e18e6 d18d6c18d6 e36r12",//ch0
                                            "g18g6g18g6 g18g6a18g6 e18c6d18e6 d36r12
c18d6e18e6 d18d6g18g6 e18e6d18d6c24r",    "c+18c6c18d6 e18e6e18d6 c18c6c18a-6
g36r12 a18a6g18a6 c+18c6e18e6 d18d6c18d6 e36r12",
                                            "g18g6g18g6 g18g6a18g6 e18c6d18e6 d36r12
c18d6e18e6 d18d6g18g6 e18e6d18d6c24rE"},

                                    {"c24g cg cg cg cg cgb-g+c18g-6c+18d6
e24c+ e-c+",//ch1   0: 鉄道唱歌
                                    "cd b18f6e18d6 r24g rb- c+b- e+r",
                                        "c24g cg cg cg cg cgb-g+c18g-6c+18d6
e24c+ e-c+",
                                    "cd b18f6e18d6 r24g rb- c+b- e+rE"},

                                    {"r24e re re re re re rd r48 r24g rg af#
```

```
g18r30",//ch2
                                    "r24e rd eggr",
                                    "r24e re re re re re rd r48 r24g rg af#
g18r30",
                                    "r24e rd eggrE"}},

                          {{"c+48eg60g12ggg24c+e36c12 c48b-24r12bd+48f-
24r12fe48g24r12e",//ch0 ソナチネ
                          "c#dfedafd cb-d+b-g24r r12ge+g-e+g-e+g-
rge+g-e+g-e+g- rgf+g-f+g-f+g- rgf+g-f+g-f+g-",
                          "r8gc+d#cg-d#+cg-d#+cg- rgc+d#cg-d#+cg-d#+cg-
rac+dca-d+ca-d+ca- rac+dca-d+ca-d+ca-",
                          "b12rb+48a12g f#ed#e8r4 e24d12c b-ag#aac+ed
d48b-12r36 r12b+d+cb-agf# d#eagf#edc a#-be+dc#dca-",
                          "ga6bc+def#gabagf#ed c#dedcb-agf#rf#rf#r#r
g12a6bc+def#gabagf#ed c#dedcb-agf#rf#rf#r#r",
                          "g12a6bc+def#gb-c+def#ga gdef#gabc+dg-
abc+def# g12f#fedcb-a gf#bagfedE"},

                          {"c12geg cgeg cgeg cgeg cgeg cgeg dgfg dgfg
b-g+dg b-g+dg cgeg cgeg",//ch1
                          "a96 g24r36 g-12ab r24c+12rcrcr r24c12rcrcr
r24d12rdrdr r24d12rdrdr c-48d# g96 f#48a d+96",
                          "g-12d+b-d+ g-d+b-d+ g-e+ce g-e+ce f#-d+cd
f#-d+cd g-d+b-d+ g-d+b-d+ b-96 c+ d48d- g12r84",
                          "r60 c+8r4c8r4c8r4 b-12r84 r60 c+8r4c8r4c8r4
b-12r84 d+24rdr dr72 r96E"},

                          {"r96 r r r r r f r c-48e g96 b-48d+ g96
c-48d# b96 f#48a d+96 r r r r r",
                              "r r r r60 d8r4d8r4d8r4 g12r84
r60d8r4d8r4d8r4 g12r84 g24rgr g12r84 r96eE"}},//ch2

                    {{"d+24d12ddeca- g18g6a12ba24r",//ch0
                    "a24d+12dcb-ag d18d6e12ag24r",
                    "d12dg6gg12bb6bd+12r b-bg6gg12bg6gd12r",//2:
                    "d+18d6d12ddeca-g18a6b12ag24rE"},

                    {"r96 r r r r r r r24E"},//ch1
                    {"r96 r r r r r r r24E"}},//ch2  ch0 と同じ

                          {{"g24e12fg36g12 a12c+g-d+ca-g24 ac+12a-
g36g12", //ch0
                    "addgecd24 ceg36g12 agac+g-36g12 c+36e12d24d
c36r60",
                          "g+24e12fg36g12 a12c+g-d+ca-g24 ac+12a-
g36g12",
                    "addgecd24 ceg36g12 agac+g-36g12 c+36e12d24d
c36r24E"},

                          {"r84e12 ffefafe24 ff12fe36e12 ccb-e+r48
r84e12 fefae36f12 e36g12a24b e36r60",//3: 夏は来ぬ
                          "r84e+12 ffefafe24 ff12fe36e12 ccb-e+r48
r84e12 fefae36f12 e36g12a24b g36r60E"},//ch1

                    {"r96 r r r r r r r r r r r r rE"}},//ch2

                              {{"b6ag#ac+r18 d6cb-
c+er18f6ed#ebag#abag#ac+12r12a-6rc+r g-2ab8a6rgrar g2ab8a6rgrar
g2ab8a6rgrf#r e12r",//ch0 4：トルコ行進曲
                              "b-6ag#ac+r18 d6cb-
c+er18f6ed#ebag#abag#ac+12r12a-6rc+r g-2ab8a6rgrar g2ab8a6rgrar
```

```
                            g2ab8a6rgrf#r e12r",
                                              "e6rfr grgragfe d12re6rfr grgragfe
            d12rc6rdr ererfedcb-12r c+6rdr ererfedcb-12r b6ag#ac+12r d6cb-c+er18
            f6ed#e",
                                      "bag#abag#a c+12ra-6rbrc+rb-rarg#rarerfrdr
            c18r6 b-2c+b-c+b-c+b-a3b a12rE"},

                                  {"r24 a-6re+rerer a-re+rerer a-re+ra-re+r
            a-re+rerer r12f#+6rerf#r r12f#6rerf#r r12f#6rerd#r e-12r",//ch1
                              "r24 a-6re+rerer a-re+rerer a-re+ra-re+r
            a-re+rerer r12f#+6rerf#r r12f#6rerf#r r12f#6rerd#r e-12r",
                              "c6rdr erer30 b-6rgrc+rdr erer30 b-12ra6rbr
            c+rcr30 g#-6rer arbr c+rcr30 g#-12r36",
                              "r12e6rerer r12e6rerer r12e6r18e6r
            r12d#6rd#rd#r r12e6r18b-6r r12a6r18b6r ararg#rg#r a12r12E"},

                                  {"r24 a-6rc+rcrcr a-6rc+rcrcr a-6rc+r18c6r
            a6rc+rcrcr e-6rbrbrbr e-6rb6rbrbr e6rbrb-rb+r r24",//ch2
                              "r24 a6rc+rcrcr a-6rc+rcrcr a-6rc+r18c6r
            a6rc+rcrcr e-6rbrbrbr e-6rb6rbrbr e6rbrb-rb+r r24",
                              "r24 c6rc+re-re+r g-12r36 c6rc+re-re+r
            g-12r36 a-6ra+rcrc+r e12r36 a-6ra+rcrc+r e-12r36",
                              "a6rc+rcrcr a-rc+rcrcr a-rc+ra-rc+r
            f-6rararar erardrfr crerdrfr ererererE"}},

                                  {{"g12a#8r4a#12r c+a#-8r4a#12r
            d#+a#-8r4a#12r c+a#-8r4a#12r fa#8r4a#12r ga#8r4a#12r g#a#8r4a#12r
            a#g#+8r4g#12r",//ch0 5：エコセーズ
                              "g-a#8r4a#12r c+a#-8r4a#12r d#+a#-
            8r4a#12r c+a#-8r4a#12r fa#8r4a#12r ga#8r4a#12r g#a#8r4a#12r fa#8r4a#12r",
                              "d#ra#r cc+8r4c12r d-rd+r d#-d#+8r4d#12r
            f-rf+r g-g+8r4g12r g#-g#+fd d#gd#a#- gra#r cc+8r4c12r d-rd+r d#-
            8r4d#+12d#r",
                              "f-rf+r g-g+8r4g12r g#-12g#+fd d#24r
            a#12gd#a#- gr36 a#+12gd#a#- gr36 a#+12rc+a#- g#gfd# a#g#fd",
                              "a#g-g#fd a#+12gd#a#- gr36 a#+12gd#a#-
            gr36 a#+12rc+a#- g#a#fa# da#a#-a#+ g#-a#+f-a#+ d#-ra#rE"},

                                  {"r24g12r grgr grgr grgr drdr d#rd#r frfr
            rf+8r4f12r",//ch1
                              "r-24g-12r grgr grgr grgr drdr d#rd#r frfr
            drdr",
                              "r24a#-12r r4 r24d#+12r r24f12r r24g12r
            r24g#12r r24a#12r r48 r d#-12rgr r24d#+12r r24f12r r24g12r",
                              "r24g#12r r24a#12r r48 r r24g12r r24g12r
            r24g12r r24g12r r24g12r r24g12r r24f12r r24f12r r24g12r r24g12r"
                              "r24g12r r24g12r r24g12r r24f12r r24f12r
            r24f12r r24a#12r60E"},//ch1

                                  {"d#12ra#r d#ra#r d#ra#r d#ra#r a#-rf+r a#-
            rg+r a#-rg#+r a#-ra#+r",//ch2
                              "d#-ra#r d#ra#r d#ra#r d#ra#r a#-rf+r a#-
            rg+r a#-rg#+r a#-ra#+r",
                              "grg-r r4 g#12rg#+r a#ra#-r c+rc+r drd-r
            d#rd#+r a#-ra#-r d#+rd#+r d#-rgr g#rc+r a#-rf+r crgr",
                              "dra#r d#ra#r a#-ra#+r d#rd#-r d#12ra#r
            d#ra#r d#ra#r d#ra#r d#ra#r d#ra#r d#ra#r",
                              "d#ra#r d#ra#r d#ra#r d#ra#r d#ra#r a#-
            ra#+r a#-ra#+r a#-ra#+r g-rg+E"}}};//ch2

const char oto[]="c#d#ef#g#a#br";//rは休符
const long  freq[]={3822,3608,3405,3214,3034,2863,2703,2551,2408,2273,2145,
2025,0,
                    1911,1804,1703,1607,1517,1432,1351,1276,1204,1136,1073,
```

```
1012,0,
                    956,902,851,804,758,716,676,638,602,568,536,506,0,
                    478,451,426,402,379,358,338,319,301,284,268,253,0,
                    239,225,213,201,190,179,169,159,150,142,134,127,0,
                    119,113,106,100,95,89,84,80,75,71,67,63,0};
const int seg[16]={0x3f,0x06,0x5b,0x4f,0x66,0x6d,0x7d,0x27,0x7f,0x6f,0x77,0
x7c,0x39,0x5e,0x79,0x71};
long count[3]={0,0,0};
long ontei[3][422];// 添え字の 422 は、18F26K22 では限界、これを増やすには、RAM が 8K
などの PIC を選ぶ
int onpulen[3][422];//    〃
float tempo;

#int_timer1 // タイマ1  割込み宣言
void timer1_start(){// タイマー1 割り込み
  count[0]++;
}
#int_timer3 // タイマ3  割込み宣言
void timer3_start(){// タイマー3 割り込み
  count[1]++;
}
#int_timer5 // タイマ5  割込み宣言
void timer5_start(){// タイマー5 割り込み
  count[2]++;
}
void reset()
{
      output_high(PIN_A3);// WRCS を HIGH
      output_low(PIN_A4);//A0 を LOW
      output_low(PIN_A5);// Reset-Pin を LOW
      delay_us(30);
      output_high(PIN_A5);
}
void set_data(long n,int ch)// 音程設定 n は楽譜の何番目のデータか ch はチャンネル
{
    int adr;
    adr=ch<<1;
    output_low(PIN_A3);// WR をイネーブルにして、データセット
    output_low(PIN_A4);// アドレスを選択
    output_c(adr);// チャンネル A に送るデータ 12bit 下位を選択
    output_high(PIN_A3);// WR をディスエーブルにして、データ転送モードにする

    output_low(PIN_A3);// WR をイネーブルして、データセットモードにする
    output_high(PIN_A4);// データを選択
    output_c(ontei[ch][n] & 0xff);// データの下位8bit
    output_high(PIN_A3);// WR をディスエーブルして、データ転送モードにする

    output_low(PIN_A3);// WR をイネーブルにして、データセット
    output_low(PIN_A4);// アドレスを選択
    output_c(adr+1);// チャンネル A に送るデータ 12bit 上位を選択
    output_high(PIN_A3);// WR をディスエーブルにして、データ転送モードにする

    output_low(PIN_A3);// WR をイネーブルにして、データセットモードにする
    output_high(PIN_A4);// データを選択
    output_c(ontei[ch][n]>>8);// データの上位 4bit
    output_high(PIN_A3);// WR をディスエーブルにして、データ転送モードにする
}
void set_vr()// ボリューム設定
{
    int i;
    int vrdata[3]={0x1f,0x0c,0xc};// 各チャンネルの音量0-f（最大）上位 4 ビットを1にすると
                          // エンベロープが有効になる  例：0x1f

    int adr[3]={8,9,10};
    for(i=0;i<3;i++){
```

```
        output_low(PIN_A3);// WR をイネーブルにして、データセット
        output_low(PIN_A4);// アドレスを選択
        output_c(adr[i]);// チャンネル A に送るデータアドレスを選択
        output_high(PIN_A3);// WR をディスエーブルにして、データ転送モードにする

        output_low(PIN_A3);// WR をイネーブルにして、データセットモードにする
        output_high(PIN_A4);// データを選択
        output_c(vrdata[i]);// ボリュームデータ
        output_high(PIN_A3);// WR をディスエーブルにして、データ転送モードにする
    }
}
void set_mix(int value)// ミキサーデータ設定
{
        output_low(PIN_A3);// WR をイネーブルにして、データセット
        output_low(PIN_A4);// アドレスを選択
        output_c(7);// チャンネル A に送るデータを選択
        output_high(PIN_A3);// WR をディスエーブルにして、データ転送モードにする

        output_low(PIN_A3);// WR をイネーブルにして、データセットモードにする
        output_high(PIN_A4);// データを選択
        output_c(value);// ミキシングデータ
        output_high(PIN_A3);// WR をディスエーブルにして、データ転送モードにする
}
void envel(int* env)
{
    int i;
    int adr[3]={0xb,0x0c};
    for(i=0;i<2;i++){
        output_low(PIN_A3);// WR をイネーブルにして、データセット
        output_low(PIN_A4);// アドレスを選択
        output_c(adr[i]);// チャンネル A に送るデータを選択
        output_high(PIN_A3);// WR をディスエーブルにして、データ転送モードにする

        output_low(PIN_A3);// WR をイネーブルにして、データセットモードにする
        output_high(PIN_A4);// データを選択
        output_c(env[i]);// ミキシングデータ
        output_high(PIN_A3);// WR をディスエーブルにして、データ転送モードにする
    }
}
void envelshape(int val)
{
        output_low(PIN_A3);// WR をイネーブルにして、データセット
        output_low(PIN_A4);// アドレスを選択
        output_c(0xd);// チャンネル A に送るデータを選択
        output_high(PIN_A3);// WR をディスエーブルにして、データ転送モードにする

        output_low(PIN_A3);// WR をイネーブルにして、データセットモードにする
        output_high(PIN_A4);// データを選択
        output_c(val);// エンベロープ形状データ
        output_high(PIN_A3);// WR をディスエーブルにして、データ転送モードにする
}
void nosound()
{
    int i;
    int adr[3]={8,9,10};
    for(i=0;i<3;i++){
        output_low(PIN_A3);// WR をイネーブルにして、データセット
        output_low(PIN_A4);// アドレスを選択
        output_c(adr[i]);// チャンネル A に送るデータ 12bit 下位を選択
        output_high(PIN_A3);// WR をディスエーブルにして、データ転送モードにする

        output_low(PIN_A3);// WR をイネーブルして、データセットモードにする
        output_high(PIN_A4);// データを選択
        output_c(0);// ボリュームデータ
```

```
        output_high(PIN_A3);// WR をディスエーブルにして、データ転送モードにする
    }
}
void disp(int k)
{
    output_b(seg[k]);
}
void play(long k)// 演奏ルーチン　2021-1-17に　int から　long に変更した
{
  int i;
  long n[3]={0,0,0};//2021-1-19 int を long に変更

 envelshape(0x0);// エンベロープ形状の設定
 for(i=0;i<3;i++){
     set_data(n[i],i);// 音程の設定 ( チャンネル内音符数、チャンネル数　0 1 2)
 }
 while(n[0]<k){
     set_adc_channel(0);//VR (Tempo 設定用) の値を読む
     delay_us(30);
     tempo=read_adc()/120+0.8;//VR でテンポを決定　tempo は小数値で決定される
     for(i=0;i<3;i++){
        if(count[i]>=onpulen[i][n[i]]*tempo){
           n[i]++;
           if(i==0) envelshape(0x0);// エンベロープ形状の設定
           //envelshape(0x0);
           set_data(n[i],i);// 音程の設定
           count[i]=0;
        }
     }
    if(!input(PIN_A7)) return;// ボタンが押されたら演奏を中断する
 }
}
void main()
{
  char lenstr[8];
  int i,j,m,n,q,pu,error,s,lenmemo;
  long k[3]={0,0,0};//2021-1-11に　int から　long に変更した
  int env_data[]={0x0,0x40};//30 の値を小さくするとスタッカートが強くなる

  set_tris_a(0xC1); //a0,a6,a7 ピンを入力に設定
  set_tris_b(0x0); //b0-b7 ピンすべてを出力に設定
  set_tris_c(0x0);//c0-c7 を出力ピンに設定
  setup_oscillator(OSC_64MHZ);// 内蔵のオシレータの周波数を 64MHz に設定

  // アナログ入力設定
   setup_adc_ports(sAN0);//AN0 のみアナログ入力に指定
   setup_adc(ADC_CLOCK_DIV_32);//ADC のクロックを 1/32 分周に設定

  setup_timer_1(T1_INTERNAL);
  setup_timer_3(T3_INTERNAL);
  setup_timer_5(T5_INTERNAL);

  // 演奏用データ生成ルーチン
n=0;
while(1){//-0-
 output_low(PIN_A1);
 output_low(PIN_A2);

 reset();
 set_vr();
 set_mix(0x38);
 envel(env_data);// エンベロープ周波数の設定
 envelshape(0x0);// エンベロープ形状の設定 ( 0 は減衰 )
```

```
// トグル SW で演奏曲番号指定
while(input(PIN_A7)){// 演奏スタートボタンが押されるまで待つ
    if(input(PIN_A6)==0){
        while(input(PIN_A6)==0);
        n++;
        n%=6;// この 6 はデータを定義した最大曲数
    }
    disp(n);//7 セグに数字を表示
}
while(!input(PIN_A7));

for(m=0;m<3;m++){
  pu=26;//r を含むので 13 (の倍数)
  i=s=error=lenmemo=0;
  k[m]=0;
  while(1){// -1-
   i=0;
   while(kyoku[n][m][s][i]!='¥0' && kyoku[n][m][s][i]!='E'){// -2-
    // スペースの空読み
    while(kyoku[n][m][s][i]==' ') i++;
    //--------------------------------------------------------
    // 音名の読み取り
    for(j=0;j<13;j++){//r を含むので 13
      if(kyoku[n][m][s][i]==oto[j]){
        break;
      }
    }
    if(j==13) error++;// 規定フォーマット以外の文字が来るとエラー

    i++;
    //# のチェック
    if(kyoku[n][m][s][i]=='#'){
      j++;
      i++;
    }

    if(kyoku[n][m][s][i]=='+' || kyoku[n][m][s][i]=='-'){// オクターブチェック
      switch(kyoku[n][m][s][i]){
        case '+': pu+=13;break;
        case '-': pu-=13;break;
      }
      i++;
    }
    // 音程の決定
    ontei[m][k[m]]=freq[pu+j];

    //--------------------------------------------------------
    // 音長の読み取り
    q=0;
    if(kyoku[n][m][s][i]<'0' || kyoku[n][m][s][i]>'9'){
        onpulen[m][k[m]]=lenmemo;// 音長を省略した場合の処理
    }
    else{
     while(kyoku[n][m][s][i]>='0' && kyoku[n][m][s][i]<='9'){
        lenstr[q++]=kyoku[n][m][s][i++];
     }
     lenstr[q]='¥0';
     lenmemo=onpulen[m][k[m]]=atoi(lenstr);
    }
    k[m]++;
   }// -2-
  if(kyoku[n][m][s][i]=='E') break;
  s++;
  } //-1-
```

```
  }//for(m=0;)
    if(error){
        output_high(PIN_A1);// 赤 LED 点灯
        output_low(PIN_A2);// 緑 LED 消灯
    }
    else{
        output_high(PIN_A2);// 緑 LED 点灯
        output_low(PIN_A1);// 赤 LED 消灯
    }
  // 演奏スタート
    count[0]=count[1]=count[2]=0;
    //et_timer0(0); //initial set
    set_timer1(0); //initial set
    set_timer3(0); //initial set
    set_timer5(0); //initial set
    enable_interrupts(INT_TIMER1);// 割り込み許可
    enable_interrupts(INT_TIMER3);// 割り込み許可
    enable_interrupts(INT_TIMER5);// 割り込み許可 */
    enable_interrupts(GLOBAL);

    play(k[0]);
    while(!input(PIN_A7));// 演奏スタートボタンが押されている間待つ
    disable_interrupts(INT_TIMER1);// 割り込み停止
    disable_interrupts(INT_TIMER3);// 割り込み停止
    disable_interrupts(INT_TIMER5);// 割り込み停止
    nosound();
  }//-0-
}
```

第 8 章

[8.6] 制御プログラム

```
//----------------------------------------
// PIC18F23K22 バッテリーチェッカー
// Test Programmed by Mintaro Kanda
//     2020/12/20(Sun)    CCS-C コンパイラ用
//----------------------------------------
#include <18f23K22.h>
#device ADC=10// アナログ電圧を分解能 10bit で読み出す
#fuses INTRC_IO,NOWDT,NOPROTECT,NOMCLR
#use delay (clock=4000000)
#use fast_io(a)
#use fast_io(b)
#use fast_io(c)
int8 keta[]={0,0,0};
int8 count=0;
#int_timer0 // タイマ 0  割込み宣言
void timer0_start(){// タイマー 0 割り込み
  count++;
}
void disp(long volt)
  {
    int8 i,lv,data,mask,pu,scan;
    int8 level[]={0x1,0x3,0x7,0xf,0x1f,0x3f,0x7f,0xff};
    int8 seg[]={0x3f,0x06,0x5b,0x4f,0x66,0x6d,0x7d,0x07,0x7f,0x6f,0x77,0x7c
,0x39,0x5e,0x79,0x71};
    long amari,waru=100;
    amari=volt;
    for(i=0;i<2;i++){
      keta[2-i]=amari/waru;
      amari%=waru;
```

```
        waru/=10;
    }
    keta[0]=amari;

    //LEDの点灯レベルを設定
    lv=0;
    if(volt>=160) lv=7;
    else if(volt>=155) lv=6;
        else if(volt>=150) lv=5;
            else if(volt>=140) lv=4;
                else if(volt>=130) lv=3;
                    else if(volt>=120) lv=2;
                        else if(volt>=100) lv=1;

    scan=1;
    for(i=0;i<3;i++){
        if(i<2) pu=0;
        else pu=0x80;
        data=seg[keta[i]]+pu;
        output_b(~data);
        output_a(~scan);
        delay_ms(1);
        scan<<=1;
    }
    output_b(0xff);
    mask=0x1;
    for(i=0;i<8;i++){
        output_c(~(level[lv] & mask));
        delay_ms(1);
        mask<<=1;
    }
}
long voltcheck()
{
    long v;
    set_adc_channel(3);// 電池の電圧値を読む
    delay_us(30);
    v=read_adc()/2.0;
    return v;
}
void main()
{
    int8 i=0;
    long v;
    set_tris_a(0x8);//A3のみ入力ポート
    set_tris_b(0x0);// 全ポート出力設定
    set_tris_c(0x0);// 全ポート出力設定

    setup_oscillator(OSC_4MHZ);
    // アナログ入力設定
    setup_adc_ports(sAN3);//AN3のみアナログ入力に指定
    setup_adc(ADC_CLOCK_DIV_32);//ADCのクロックを1/32分周に設定

    SETUP_TIMER_0(T0_INTERNAL);
    enable_interrupts(INT_TIMER0);// 割り込み許可
    enable_interrupts(GLOBAL);

    v=voltcheck();
    while(1){
        disp(v);
        if(count>8){//8の値を小さくすると測定頻度が上がり、大きくすると下がる
            count=0;
            v=voltcheck();
        }
    }
}
```

索　引

[著者略歴]

神田　民太郎（かんだ・みんたろう）

職業訓練大学校　建築系・木材加工科　卒業
仕事では、プログラミング教育に長年携わる。
プライベートでは、ロボット製作を行なうために、小型の旋盤やフライス盤などを自宅に
導入。オリジナル金属パーツなども作って、あまり世の中に出回っていないような製品
づくりを行なっている。
「木工」の専門性を活かし、製品の内容によっては、材料に木材を使うことも少なくない。

[主な著書]

「PIC マイコン」ではじめる電子工作
「PIC マイコン」で学ぶ C 言語
たのしい電子工作――「キッチンタイマー」「音声時計」「デジタル電圧計」
…作例全 11 種類！
やさしい電子工作
「電磁石」のつくり方 [徹底研究]
自分で作るリニアモータカー
ソーラー発電　LED ではじめる電子工作　　　　　　　　（以上、工学社）

質問に関して

本書の内容に関するご質問は、

①返信用の切手を同封した手紙

②往復はがき

③ FAX(03)5269-6031
　（ご自宅の FAX 番号を明記してください）

④ E-mail　editors@kohgakusha.co.jp

のいずれかで、工学社編集部あてにお願いします。
なお、電話によるお問い合わせはご遠慮ください。

工学社ホームページ

サポートページは、下記にあります。

http://www.kohgakusha.co.jp/

I/O BOOKS

「PIC マイコン」でつくる電子工作

2021 年 2 月 25 日　初版発行　ⓒ2021

著　者	神田　民太郎
発行人	星　正明
発行所	株式会社 **工学社**
	〒160-0004 東京都新宿区四谷 4-28-20　2F
電話	(03)5269-2041(代) [営業]
	(03)5269-6041(代) [編集]
振替口座	00150-6-22510

※定価はカバーに表示してあります。

[印刷] シナノ印刷（株）

ISBN978-4-7775-2138-8